■ 江苏乡村建设行动系列指南

U0192359

农房建设指南

江苏省住房和城乡建设厅　主编

中国建筑工业出版社

图书在版编目（CIP）数据

农房建设指南 / 江苏省住房和城乡建设厅主编 . —
北京：中国建筑工业出版社，2022.5
（江苏乡村建设行动系列指南）
ISBN 978-7-112-27377-5

Ⅰ.①农…　Ⅱ.①江…　Ⅲ.①农村住宅—住宅建设—
江苏—指南　Ⅳ.① TU241.4-62

中国版本图书馆 CIP 数据核字（2022）第 079876 号

　　　　责任编辑：宋　凯　张智芊
　　　　责任校对：张　颖

江苏乡村建设行动系列指南
农房建设指南
江苏省住房和城乡建设厅　主编
*
中国建筑工业出版社出版、发行（北京海淀三里河路 9 号）
各地新华书店、建筑书店经销
逸品书装设计制版
临西县阅读时光印刷有限公司印刷
*
开本：787 毫米×1092 毫米　1/12　印张：14⅓　字数：220 千字
2023 年 3 月第一版　　2023 年 3 月第一次印刷
定价：**108.00** 元
ISBN 978-7-112-27377-5
（39169）

版权所有　翻印必究
如有印装质量问题，可寄本社图书出版中心退换
（邮政编码 100037）

编写委员会

主　　任：周　岚　费少云

副 主 任：刘大威　路宏伟　唐世海

编　　委：刘　涛　曾　洁　崔曙平

主　　编：周　岚

副 主 编：刘大威　路宏伟

编写人员：（按姓氏笔画排序）

丁　杰　王立韬　王宇航　王　畅　方继忠　田　炜

李湘琳　张志刚　张　赟　邵君伟　郑滋阳　赵　帆

赵学斐　俞　非　祖京京　夏卓平　顾继明　郭　飞

郭　健　彭六保

审查委员会

崔　恺　韩冬青　张应鹏　冷嘉伟　陆伟东　罗震东　王彦辉

Preface
序言

习近平总书记指出，"建设什么样的乡村，怎样建设乡村，是摆在我们面前的一个重要课题"。乡村不仅是农业生产的空间载体，也是广大农民生于斯长于斯的家园故土。深入实施乡村建设行动，加强农村基础设施和公共服务体系建设，持续改善农村住房条件，促进乡村宜居宜业、农民富裕富足是江苏的不懈追求。

江苏自然条件优越，农耕文明历史悠久，自古就是富庶之地、鱼米之乡，享有"苏湖熟、天下足"的美誉。党的十八大以来，江苏深入贯彻习近平总书记关于乡村建设工作的重要指示批示精神，牢固树立乡村建设为农民而建的鲜明导向，固底板、补短板、扬优势、强特色，注重设计引领、强化技术支撑、开展试点示范，加快推进城乡融合发展，完成农房改善超40万户，有效带动农村基础设施和公共服务配套水平不断提升，全省农村住房条件和人居环境持续改善；建成江苏省特色田园乡村593个，实现76个涉农县（市、区）全覆盖，乡村特色魅力进一步彰显；支持83个重点中心镇和特色小城镇开展试点示范建设，完成393个被撤并乡镇集镇区环境整治，小城镇多元特色发展取得积极成效。经中央领导同志审定的《江苏省中央一号文件贯彻落实情况督查报告》指出，"农房改善和特色田园乡村建设深受基层干部欢迎，农民群众满意率高，走出了一条美丽宜居乡村与繁华都市交相辉映、协调发展的'江苏路径'"。

为深入贯彻习近平总书记视察江苏重要讲话精神，全面落实中共中央办公厅、国务院办公厅印发的《乡村建设行动实施方案》有关要求，做好新时代乡村建设工作，江苏省住房和城乡建设厅在系统总结十年乡村建设工作经验的基础上，组织编制了《农房建设指南》《美丽宜居村庄建设指南》《美丽宜居小城镇建设指南》（以下简称《指南》）。《指南》梳理了江苏近年来在农村住房条件改善、特色田园乡村建设、小城镇多元特色发展等方面的工作经验，提炼了村镇建设的系统性策略、方法和实施要点，形成了指导农房、村庄、小城镇建设的工具书。《农房建设指南》提出了农房设计、建造和管理等方面的相关要求和流程，可用于指导新建、翻建的三层及以下农村住房建设；《美丽宜居村庄建设指南》提出了三种不同类型村庄的建设模式和管理要求，可用于分类指导特色保护型村庄、规划新建型村庄和集聚提升型村庄建设；《美丽宜居小城镇建设指南》提出了三种不同类型小城镇的建设模式和管理要求，可用于指导美丽宜居小城镇建设。

《指南》对下一步江苏乡村建设工作具有重要的实践指导意义，为扎实推进乡村振兴，努力建设农业强、农村美、农民富的新时代鱼米之乡提供了技术支撑。限于时间仓促、水平有限，书中难免有不足之处，敬请各位读者朋友不吝赐教，是为至盼。

江苏乡村建设行动系列指南编写委员会

2022年6月

Contents
目录

04

CHAPTER 01

总　则

- ■ 编制目的
- ■ 适用范围
- ■ 基本原则

■ 编制目的

为贯彻落实党中央、国务院和省委、省政府关于实施乡村振兴战略的部署要求，推进乡村建设行动，加快农房现代化建设，不断增强农民群众获得感、幸福感、安全感，编制本指南。

■ 适用范围

适用于全省农村新建、翻建的三层及三层以下农村住房。

■ 基本原则

农房建设应遵循安全、适用、经济、绿色、美观的原则，按照抗震设防、抗风防灾、绿色节能等要求，体现地域特点、时代特征和文化特色，留住乡愁记忆，满足农民现代生产生活需要。

农房改善项目

CHAPTER 02

设计篇

- 建筑设计
- 建筑结构与构造
- 建筑设备

■ 建筑设计

◎ **基本要求**

1.农房设计应考虑农民生产生活、民俗民风的要求，做到功能适用、布局合理、安全绿色。农房一般由主房、辅房、院落等组成。

两开间典型农房

两开间带辅房典型农房

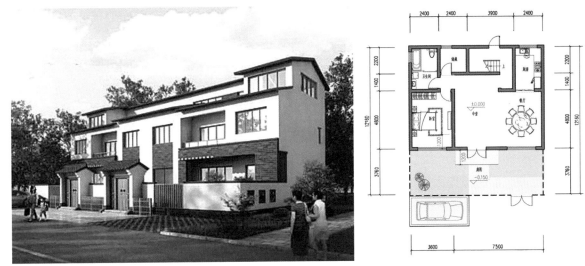

三开间典型农房

2.农房日照间距标准由市、县（市）城乡规划行政主管部门参照《江苏省城市规划管理技术规定》的要求具体制定执行。南北向平行布置的农房在满足日照要求的前提下，最小间距一般不小于12m。

3.农房平面设计原则。分区明确，实现寝居分离、食寝分离和净污分离；厨房、卫生间应直接自然通风、自然采光，楼梯间建议直接自然通风、自然采光；平面形式多样，建议考虑无障碍设计。

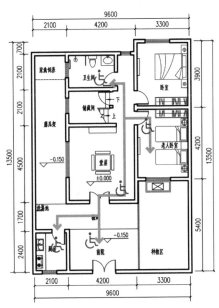

无障碍设计示意图

4.宅基地标准。人均耕地不足1亩的村庄，每户宅基地不超过135m²（根据当地情况，如发展民宿、乡村旅游可适当放宽要求）；人均耕地大于1亩的村庄，每户宅基地面积不超过200m²。具体按县（市、区）人民政府规定的标准执行。

5.单户农房建筑面积。二人居及以下：一般不超过80m²；三、四人居：125m²左右，一般不超过160m²；五人居及以上：180m²左右，一般不超过250m²。建筑面积小于等于80m²的户型一般单层布置，避免二层及以上。单户农房建筑面积具体按县（市、区）人民政府规定的标准执行。

6.层高要求。层高一般为2.8~3.3m，一层层高不应超过3.6m（对于坡屋面，是指该层楼地面面层至坡屋面的结构面层与外墙外皮延长线交点之间的垂直距离），堂屋、卧室净高不应低于2.65m，其他室内空间净高不应低于2.4m；属于历史文化名村和传统村落保护范围的农房，建筑高度应符合相关要求。

7.场地设计标高应高于地下常水位，农房的首层地面标高应高于室外地坪0.1m以上。

8.空调室外机组、太阳能光热或光伏设备基座建议与建筑主体同步设计，设置应隐蔽美观，不影响整体风貌。

空调机位与建筑立面一体化设计

太阳能光热设备一体化设计

光伏设备一体化设计

◎ **平面功能**

1. 主房

主房一般包含堂屋、卧室，也可结合主房布置厨房、卫生间。

（1）堂屋布置应遵循以下原则：

①堂屋具有生产、生活等多种功能，使用时间长、人数多，应宽敞、明亮，尽量朝南向布置，且应有自然通风、自然采光，有一定的面积和家具布置空间。

②堂屋的开间净宽一般不小于3.3m，并与建筑面积匹配，进深净宽一般不小于4.2m，使用面积不应小于14m²。

③堂屋常兼做通向各室的交通枢纽，设计时应尽量减少开门数量，结合家具布置，合理设计门窗位置。

④堂屋可与餐厅相连，隔而不断；也可与餐厅共同形成一个空间，便于家庭聚会。

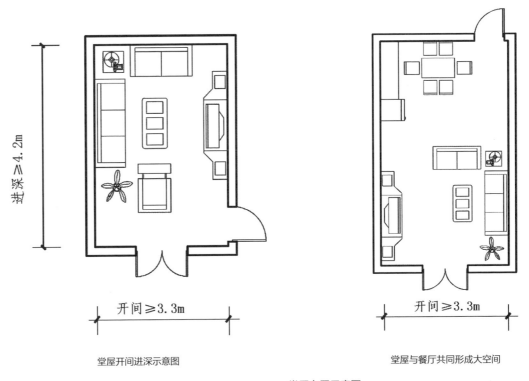

堂屋开间进深示意图　　　　　堂屋与餐厅共同形成大空间

堂屋布置示意图

（2）卧室布置应遵循以下原则：

卧室可分为双人卧室和单人卧室，双人卧室短边净宽一般为3.3~4.2m，长边净宽一般不小于4.0m，使用面积不应小于12m²；单人卧室短边净宽一般为2.5~3.3m，长边净宽一般不小于3.6m，使用面积不应小于9m²。

有老人的家庭建议在一层设置老人卧室，位置朝南，临近出入口，阳光充足，并结合实际考虑老人分床睡的使用需求。

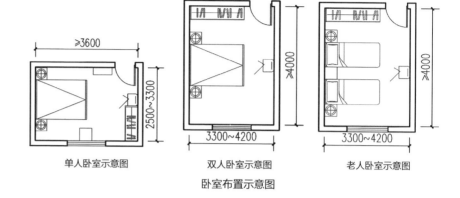

单人卧室示意图　　双人卧室示意图　　老人卧室示意图

卧室布置示意图

2. 辅房

辅房一般包含辅助生产用房、储藏间，也可结合辅房布置厨房、卫生间。一般不设置室内停车库。

储藏间用于存放农具、农作物等，短边净宽一般大于1.8m，面积一般在6m²以上，可设置在主房中，也可设置在辅房中。

如设置用于养殖家畜的辅助用房，应避免设置于生活用房的上风向，并采取必要的卫生处理措施。

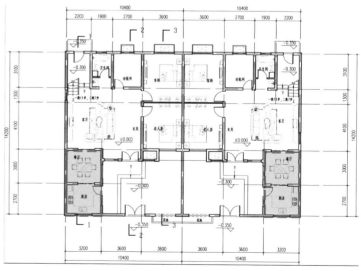

辅房示意图

3.院落围合

（1）院落设计原则。灵活选择院落形式，丰富围合方式，创造自然、适宜的院落空间，并与主房、辅房整体协调。

（2）院落空间组织。采用"主房—辅房—院落"的有序组合，积极引导农房院落空间的建设，打破单一的建筑形态，可利用纵横方向多进的方式和道路转折点、交叉口等条件组织院落空间，形成空间特色。

单户同户型或大小户型组成的双拼

大小户型组合的联排

联排过长，院落围合形态单一

建筑群体组织

"主房—辅房—院落"的布局关系

主房
辅房
院落

4.厨房、卫生间

厨房、卫生间可结合主房设计，也可结合辅房设计，但应干湿分离。

（1）厨房设计应遵循以下原则：

①厨房应设计为独立可封闭的空间，一般与餐厅毗邻布置，应直接自然通风、自然采光，使用面积不应小于5.0m²。

②厨房的功能布局可视具体情况采用多种方式，如双排布置和单排布置；单排布置的厨房，短边净宽不小于1.8m；双排布置的厨房，短边净宽不小于2.1m。

③厨房应设计洗涤池、操作台、炉灶、排油烟机（预留孔洞）以及热水器等设施位置。

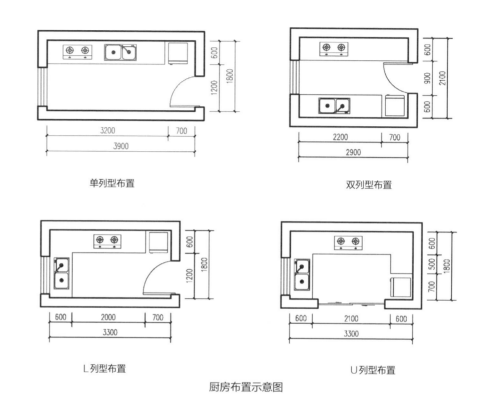

单列型布置　　　　双列型布置

L列型布置　　　　U列型布置

厨房布置示意图

（2）卫生间设计应遵循以下原则：

①每层建议至少设置一个卫生间，如有老人卧室，则应贴临设置老人卫生间；卫生间不应直接布置在厨房、餐厅上层。

②卫生间分为共用卫生间和卧室套内卫生间两类，共用卫生间建议配置便器、洗脸盆、淋浴间，使用面积建议大于4m²；卧室套内卫生间应配置便器、洗脸盆，使用面积建议大于2.5m²。

集中型布置　　　　前室型布置

卫生间布置示意图

③共用卫生间应直接自然通风、自然采光，套内卫生间建议直接自然通风、自然采光。

④卫生间的门不应开向厨房，无前室的卫生间的门一般不直接开向堂屋。

⑤卫生间应有防水、排水、防潮和防滑措施；卫生间的楼地面应设置防水层，墙面、顶棚应设置防潮层，门口应有阻止积水外溢的构造措施。

楼梯平台布置一般不影响开窗

5.楼梯、过道

（1）楼梯梯段净宽应符合以下要求：当一面临空时不应小于0.8m，当两侧有墙时不应小于1.0m，且应在一侧墙面设置扶手，确保安全。

（2）楼梯踏步宽度不应小于0.24m，踏步高度不应大于0.175m，扶手高度不应小于0.9m，楼梯平台临空处栏杆高度应大于1.1m，楼梯平台处一般不使用扇形踏步。

（3）楼梯平台净深不应小于楼梯梯段的净宽，且不应小于0.8m。楼梯间平台一般不打断窗户。

（4）农房中通往卧室、堂屋的过道净宽不应小于1.0m。通往厨房、卫生间、储藏室的过道净宽不应小于0.9m。拐弯处一侧过道不应小于1.0m，便于搬运家具。

（5）可利用楼梯间下方空间修建储藏室、洗衣房。

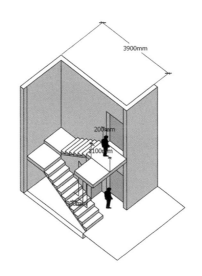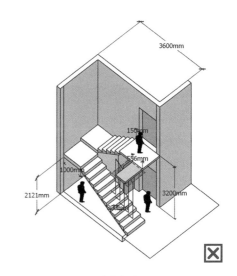

平台宽度过小

楼梯设计示意图

6. 阳台、露台

（1）阳台或露台的栏杆（栏板）净高不应低于1.1m，且应采用防止儿童攀爬的构造措施，栏杆的垂直杆件间净距不应大于0.09m，放置花盆处应采用防坠落措施。

（2）栏杆高度应从所在楼地面或屋面至栏杆扶手顶面垂直高度计算，当底面有宽度≥0.22m且高度≤0.45m的可踏面部位时，应从可踏部位顶面起算。

（3）栏杆应以坚固、耐久的材料制作，并能承受规定的水平荷载。

可踏面

露台栏杆可踏面示意图

◎ 防火设计

1. 一般规定

（1）防火设计应结合当地经济状况、民族习俗、村庄规模、地理环境等，遵循"预防为主，防消结合"的方针，采取相应的消防安全措施，做到安全可靠、经济合理、方便生活。

（2）建筑耐火等级一般不低于一、二级，建筑的耐火等级划分应符合现行国家标准《建筑设计防火规范》GB 50016的规定。

（3）村民委员会等基层组织应建立相应的消防安全组织，确定消防安全管理人员，制定防火安全制度，定期进行消防安全检查，开展消防安全宣传教育，落实消防安全责任，配备必要的消防力量和消防器材装备。

（4）村庄内的道路宜满足消防车通行要求，供消防车通行的道路应符合现行国家标准《建筑设计防火规范》GB 50016及《农村防火规范》GB 50039的规定。消防车道应保持畅通，供消防车通行的道路严禁设置隔离桩、栏杆等障碍设施，不得堆放土石、柴草等影响消防车通行的障碍物。

2. 防火间距、消防疏散

（1）一、二级耐火等级的农房之间防火间距一般不小于4m，当相邻外墙上的门窗洞口面积小于该外墙面积的10%且不正对开设时，农房之间的防火间距可减少为2m；三、四级耐火等级的农房之间防火间距一般不小于6m，当相邻外墙上的门窗洞口面积小于该外墙面积的10%且不正对开设时，农房之间的防火间距可减少为4m。

（2）一、二级耐火等级的农房内任一点至室外安全出口的直线距离不应大于22m，三级耐火等级的农房内任一点至室外安全出口的直线距离不应大于20m，四级耐火等级的农房内任一点至室外安全出口的直线距离不应大于15m。确有困难时，可在地上楼层中设置建筑面积不小于6m²且进深不小于2m的室外露天平台，农房内任一点距室外露天平台门的直线距离不应大于上述规定。

（3）存放柴草等材料和农具、农用物资的库房，宜独立建造；与其他用途房间合建时，应采用不燃烧实体墙隔开。

间距过近（握手楼）

间距适当

3. 消防设施

（1）应设置室外消火栓系统。集中居住区人数不超过500人且建筑层数不超过两层的居住区可不设置室外消火栓系统。

（2）电气导线不应小于设计值。

（3）家用配电箱配电回路应按设计要求配置，回路不应减少、合并。

（4）用可燃气体的房间应设可燃气体探测器，并有信号报警功能。

室外消火栓

灭火器箱

◎ 农房风貌

　　省内日益密切的经济文化交流使得各地民居特色在总体风貌上的差异逐渐弱化，但受自然地理、气候环境、历史文化、人文经济等影响，各地的风俗习惯不尽相同，一些细微的差异仍然根植于南北民居风貌中。农房设计中应借鉴当地传统民居特色，提炼传统建筑元素，体现当地的乡土风貌与特色。

　　苏南地区以苏州、无锡等地江南民居以及南京、镇江的宁镇民居为代表。前者具有江南水乡特色，传统民居整体风格精致清雅，色彩质朴，粉墙黛瓦，以白黑色为主色调。后者受徽派和太湖流域建筑共同影响，平面布局规整，屋顶以硬山两坡为主，整体色彩以黑灰为主色调，木构常为栗色。

　　苏中地区主要以淮扬等地的江淮民居为代表。以清灰为主色调，外墙多采用清水青砖砌筑，屋面一般为人字坡硬山顶形式。

　　苏北地区主要以徐州、连云港等地传统民居为代表，与山东民居风格相似，建筑整体风格雄浑刚劲，色彩沉稳厚重，多为青砖灰瓦，门窗常见红色。

宜兴市张渚镇龙池嘉苑

昆山市淀山湖镇六如墩

阜宁县益林镇穆沟马家荡村

仪征市月塘镇尹家山庄

不同地区建筑风貌

1.形体

建筑形体应风貌协调、尺度适宜、错落变化、层次丰富。灵活运用院落、敞厅、天井、露台等形式，使室内外空间既有联系又有分隔，满足自然通风、自然采光和夏季遮阳的基本要求，并符合农民生产、生活习惯和审美需求。

2.色彩

应注重在地域传统建筑中提取元素，遵循所在区域整体色彩特征，与周边建筑整体风貌协调，避免色彩突兀、反差过大。

3.屋顶

屋顶建议选用瓦屋面，以双坡屋顶为主，平坡结合，兼顾区域特色和传统文化的要求，通过不同形式的屋顶穿插组合，形成高低错落的屋面形式。坡度建议遵从当地传统民居的坡度，一般为20°~25°，一般不超过45°，满足排水、遮阳、防积雪等要求。

建筑色彩与周边建筑

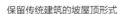
保留传统建筑的坡屋顶形式

四坡屋顶不经济且不利于防水

屋顶示意图

4.墙体

　　传统农房外墙多为清水砖墙，少数近现代农房采用青砖墙加红砖装饰，砖砌法以几顺一丁为主。

　　墙体设计（建设）应注意墙顶、墙面、墙基（勒脚）的划分，在传统民居中汲取营养，通过色彩、线条、材料、质感的变化，形成地域特色。

围护外墙图示及实例

红砖砖墙

青砖砖墙

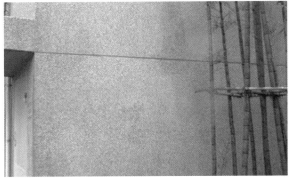

夯土饰面　　　　　　　　　　　　水刷石外墙

混合砂浆墙体　　　　　　　　　　干挂石材

墙体示意图

5.门窗

　　传统农房窗户小、窗洞少，通常除正立面外很少开窗。部分农房采用弧拱窗，少数民房在正面明间使用木格扇门。

　　现代农房门窗形式简洁淳朴，开窗面积增大，色彩遵从当地传统农房形式。经济许可的前提下，可适当添加窗套、窗花等装饰构件。

传统农房门窗实例

对传统门窗样式进行抽象、简化

窗套形式过于西化

外窗示意图

6.装饰

应遵从当地传统民居和文化习俗，体现传统特色，与整体建筑风格相协调。装饰部位建议设置在建筑主体的屋脊、山花、檐口、层间、门窗、勒脚等。可选择雕刻等，材料建议选择木、石、砖、金属等，在不影响整体风貌的情况下可适当选用现代装饰材料。

山花

门头

抛方

甘蔗脊

砖花

勒脚

农房装饰实例

（1）装饰做法——屋脊起翘

建筑次间脊檩两端上翘，使屋脊形成弧线，屋脊上翘通过抬高边贴梁架高度来形成，两端脊檩上翘高度一般在10cm以上。

屋脊图示及实例

（2）装饰做法——瓦饰

檐部一般采用滴水瓦，做法较为考究。屋脊则采用瓦拼花和灰塑。

檐部瓦饰及屋脊实例

（3）装饰做法——叠砖

农房在檐口部分多采用叠砖的形式，后逐步简化，也有采用水泥做出层层退进的样式。

叠砖实例

（4）装饰做法——清水砖墙

清水砖墙工艺为几顺一丁砌法。空斗墙由于抗震性能较差，存在安全隐患，不应使用。

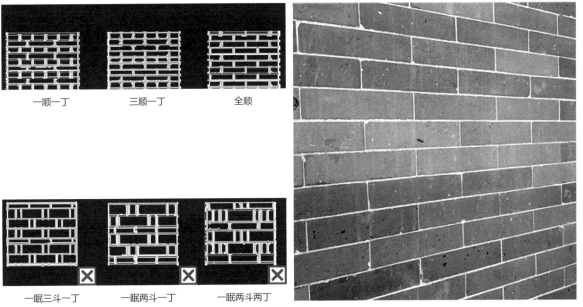

一顺一丁　　　　三顺一丁　　　　全顺

一眠三斗一丁　　一眠两斗一丁　　一眠两斗两丁

清水砖墙

（5）装饰做法——砖拼花

在门楣、窗框等位置，清水砖墙砌筑时会将砖拼砌成圆拱、楔形等各类形状，丰富门窗造型。

砖拼花实例

（6）装饰做法——门饰

主要装饰部位集中在门上，一般人家仅做砖叠涩门替线脚，富裕人家增设雕刻，门替一般做壶门式线脚。

门饰图示及实例（左图为砖雕门头、右图为壶门式线脚）

（7）装饰做法——砖雕

砖雕总体使用较少，主要用在垛头、墀头、屋脊等重要部位，纹样题材大多与治水、龙王等有关。

砖雕图示及实例

7.材料

鼓励使用经济实用的建筑材料，如砖瓦、石材、木材、新型墙体材料等，提升建筑性能，彰显地域风貌特色。

（1）建筑材料

砖瓦。砖和瓦是由生土烧制而成的人工材料，坚固、耐腐蚀，主要作为墙体和屋面的砌筑材料，同样也是重要的装饰材料。

砖瓦实例

石材。石材质地坚硬、耐酸、耐久、耐磨，外观稳重大方，分布广泛、易开采，可作砌筑墙体、基础、台阶、栏杆、护坡等。

石材实例

木材。木材质地轻巧，强度高、弹性韧性好、纹理美丽、易于着色和油漆、热工性能好、易加工，主要用于屋架、梁、柱，以及室内各部位装修材料。

木材使用实例

新型墙体材料。主要指用混凝土、水泥、砂等硅酸质材料再掺加部分粉煤灰、煤矸石、炉渣等工业废料或建筑垃圾经过压制或烧结、蒸压等制成的非黏土砖、建筑砌块及建筑板材，一般具有保温、隔热、轻质、高强、节土、节能、利废、保护环境等优点。

新型墙体材料实例

（2）材料色彩

传统民房建筑材料主要采用小青瓦、木材、青砖、石灰白墙，以青灰色系色彩为主，屋顶、墙面呈铅丹红、青灰色，门洞为深灰色，部分早期农房因历史经济原因，除采用红砖红色外，还呈现赭红、土黄等色。

青灰色瓦屋面

深栗色的木质屋架

青灰色墙面

朱红木质门窗

材料色彩实例

◎ 适老化设计

1. 功能布局

（1）老年人的主要活动用房不应设置于半地下和地下室。

（2）老年人的卧室建议设置于首层，需要有充足日照、采光及通风条件，当老年人用房东西向开窗时建议采用有效的遮阳措施。

（3）老年人的主要生活用房建议集中布置，供老年人使用的卫生间建议与老年人卧室同层相邻设置。

2. 行动辅助

（1）室内外空间应尽量避免或减小垂直高差，方便老年人及轮椅通行。针对自理老年人或使用助行器的老年人，应保证入户过渡空间的通行净宽不小于900mm。针对乘坐轮椅的老年人，建议满足不小于1200mm×1600mm的轮椅转向空间，可利用家具下部凹入空间进行轮椅转向。

（2）出入口的地面、台阶、踏步、坡道等都应采用防滑材料铺装。

（3）建议结合墙面、户门、座凳、储物柜等设置扶手或可撑扶的家具，以满足老年人通行、换鞋、取放物品时的撑扶需求。

辅助扶手或撑扶家具要求：

老年人站立时，扶手中心或家具平面的距地高度建议为850~900mm。老年人坐着或乘坐轮椅时，扶手中心或家具平面的距地高度建议为650~700mm。

扶手内侧与墙面之间净宽建议为40~50mm，扶手抓握部分的圆形截面直径建议为35~45mm。

（4）供老年人使用的楼梯一般不采用螺旋楼梯或弧形楼梯，各级踏步应均匀一致。踏步前缘一般不凸出，踏面下方不应镂空，应采用防滑材料饰面。室内踏步高度一般为160~170mm，宽度建议大于240mm。

（5）在老年人活动路线范围内减少视线阻碍。室内隔间建议采用开放或半开放设计，使身处不同房间的家人能够方便地观察到老年人的活动状况。

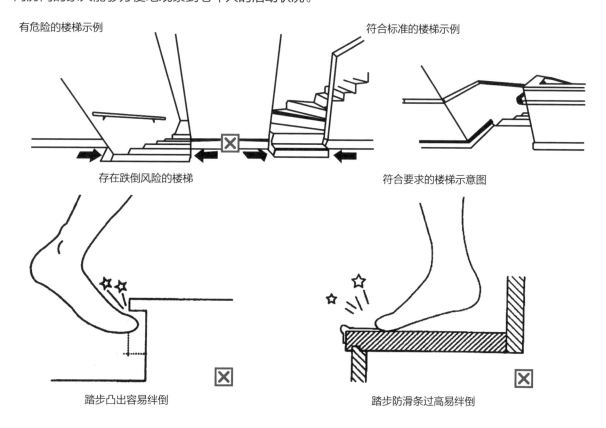

有危险的楼梯示例　　　　　　　　　　　符合标准的楼梯示例

存在跌倒风险的楼梯　　　　　　　符合要求的楼梯示意图

踏步凸出容易绊倒　　　　　　　　踏步防滑条过高易绊倒

楼梯示意图

（6）户内走廊一般不狭窄曲折，净宽一般为1000~1200mm。通行空间建议设置连续的扶手或供撑扶作用的家具，高度一般为850~900mm，暂不需要的建议预留相应空间，预埋扶手固定件。

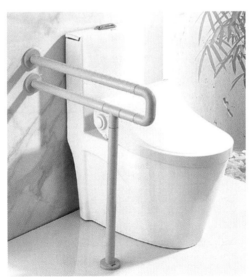

无障碍辅助扶手示意图

（7）门的设置不应影响老年人及轮椅通行，开启后净宽度一般大于800mm。

（8）供老年人使用的卫生间应至少配置坐便器、洗浴器、洗面器三件洁具，建议考虑设置辅助老年人行动的扶手或预埋扶手固定件，浴室内建议考虑配备助浴设施，留有助浴空间。

（9）照明灯具开关高度一般距地面1100~1200mm。面板标识需要清晰，方便触压。供老年人使用的开关建议采用大面板单联开关。

（10）如有需要可以考虑设置电梯，或预留安装电梯条件。

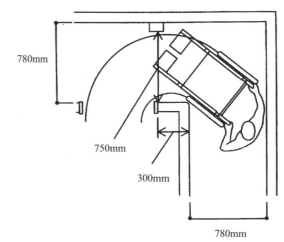

户内过道狭窄曲折影响通行

作为储藏室预留井道空间

利用楼梯井预留井道空间

◎ **绿色设计**

1.自然通风与自然采光

（1）自然通风

①平面布局应有利于形成穿堂风，卧室、堂屋、厨房应有自然通风。

②平面空间较大的农房建议局部设置天井、带诱导通风的通风井等，在适宜季节利用烟囱效应引导热压通风。

③为增强自然通风效果，外窗可开启面积不应小于外窗总面积的1/3。

④堂屋、卧室等主要功能房间的通风开口面积不少于地面面积的5%；厨房可直通室外的通风开口面积不小于厨房地面面积的10%，并不少于$0.60m^2$。

⑤坡屋顶建议设天窗或山墙通风窗，有条件的农房可设置老虎窗。

⑥在厨卫等自然通风效果不佳的区域，可设机械通风设备，如排风扇、通风换气窗等。

坡屋顶通风方式（左：老虎窗，右：山墙通风窗）

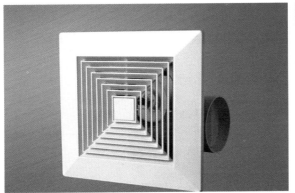

机械通风设备（左：排风扇，右：通风换气扇）

（2）自然采光

卧室、堂屋、厨房、卫生间等房间应设置外窗。

卧室、堂屋等房间的窗洞口面积与该房间地面面积之比建议大于1/6。

设置天井的农房，与天井相邻房间应设置可开启窗。

| 堂屋未设外窗 | 外窗自然采光 | 天井自然采光 |

2.高性能围护结构

（1）墙体

①外墙建议采用高强、保温节能的墙体材料。

a.承重外墙建议采用自保温复合砌块、聚苯模块现浇混凝土墙体、非黏土类烧结多孔砖和混凝土多孔砖等新型材料。

b.非承重外墙建议采用轻质复合墙板、混凝土空心砖、非黏土类烧结空心砖等节能型材料。

②建议选用适宜的外墙保温构造技术，徐州、连云港等寒冷地区建议采用外墙外保温技术，保温材料可采用挤塑聚苯板（XPS板）、加气混凝土板、膨胀珍珠岩板、发泡水泥板、岩棉板等。夏热冬冷地区可采用外保温或者墙体保温与结构一体化技术，如夹心复合自保温砌块、装配式自保温墙板等。

③当未采用外墙保温材料时，建议采取适当加厚墙体的方式增强外墙保温性能。

④热桥部位如外墙挑出构件、外门窗洞口四周侧面、凸窗上下顶板、封闭阳台栏板等建议采用厚度不小于30mm的保温浆料进行处理，并做好防水处理；有条件的农房可采用外墙保温材料对上述热桥部位进行整体包边处理。

轻质复合墙板

新型复合自保温砌块

烧结多孔砖

混凝土空心砖

保温节能墙体材料

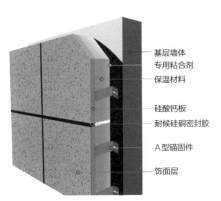

基层墙体
专用粘合剂
保温材料
硅酸钙板
耐候硅硐密封胶
A型锚固件
饰面层

外墙外保温做法

（2）屋面

①屋面应采用保温材料，一般用导热系数小、吸水率低、压缩强度高的材料，如挤塑聚苯板（XPS板）、加气混凝土板、膨胀珍珠岩板、膨胀蛭石板、岩棉板、聚氨酯硬泡防水保温一体化系统等。

②坡屋顶建议设阁楼，并留架空层，通过开设高窗或孔洞等措施形成对流式绝热间层，增强隔热通风效果。

③有条件的农房建议设置种植屋面，加强屋顶隔热效果，改善顶层房间室内热环境，保护防水层和建筑屋顶结构。

屋顶保温层

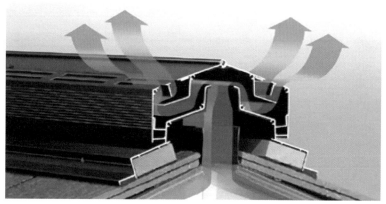

通风隔热屋脊

种植屋面

（3）门窗

① 外窗应选用保温和密闭性能良好的中空玻璃窗，窗框材料建议选用塑钢型材或铝合金型材，当选用铝合金型材时建议采用隔热断桥铝合金窗。

② 从隔声性能和气密性角度考虑，外窗建议采用平开窗，平开窗的窗扇和窗框间应使用橡胶密封压条。

③ 有条件的农房推荐采用保温、隔声性能更好的三玻两腔外窗或者采用遮阳隔热保温一体化外窗。

④ 户门建议采用具备保温、隔声功能的安全防卫门。

（4）楼地面

① 地面建议设置保温层，并做好防水、防潮设计。

② 对老人房等有较高声环境质量要求的房间，楼板建议采用减振垫等隔声措施，减振垫厚度一般为5mm。

木窗框单层玻璃窗

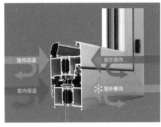

隔热断桥铝合金窗框剖面示意图

平开节能窗

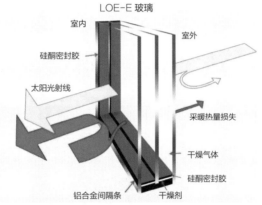

三玻两腔断桥铝窗剖面示意图

遮阳隔热保温一体化外窗

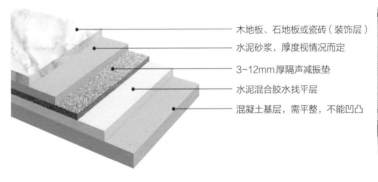

隔声楼板做法示意图

木地板、石地板或瓷砖（装饰层）
水泥砂浆，厚度视情况而定
3~12mm厚隔声减振垫
水泥混合胶水找平层
混凝土基层，需平整，不能凹凸

聚乙烯减振垫

3.可再生能源利用

（1）太阳能光热

1）被动式太阳房

①农房南侧可设被动式太阳房（在不添置附加设备的情况下，使农房在冬季有效地吸收和贮存太阳热能，在夏季少吸收太阳能并尽可能多向外散热的房间，以中空双层钢化玻璃、铝合金边框为主要材料，顶部应采取遮阳措施）。

②被动式太阳房一般建于地上一层，与一层建筑合建，或者结合阳台设置。

③被动式太阳房的建设应与建筑整体的风格一致，色彩和形式应符合当地传统民居的特色。

设屋顶遮阳   未设屋顶遮阳

被动式太阳房建成效果（建于地上一层）

被动式太阳房建成效果（建于阳台上方）

2）太阳能热水器

①农房应利用南向坡屋面及平屋面的有效空间，安装屋顶式太阳能热水器，并注意避免周边树木和建筑的遮挡；可利用南向阳台安装壁挂式太阳能集热板，建议将水箱设置在室内。

②太阳能热水器设计应注重与建筑一体化结合，优先选用统一规格、统一品牌的产品，做到与立面造型、构造功能、管道设备等方面的综合性一体化设计。

③太阳能热水器安装施工前应预留基座、孔洞、管井、预埋件和热水管套管，避免将管道裸露在立面外部。

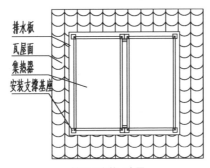

坡屋面安装示意图

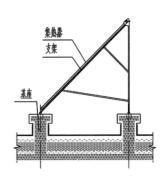

平屋面安装示意图

太阳能热水器安装做法示意图

真空管型太阳能热水器

平板型太阳能热水器

屋面未预留水管套管

支架太高

（2）太阳能光伏

1）太阳能光伏板

农房应利用南向坡屋面设置太阳能光伏板，有条件的农房建议安装光伏遮阳板、光伏天窗等光伏构件，以补充日常用电需求。

在建筑表面敷设光伏电缆时，应考虑建筑的整体美观性，减少线路交叉，敷设位置应避开墙和支架的锐角边缘处。

在与当地电网管理部门协调的前提下，建议村庄采用各户联合并网的太阳能光伏系统，提高系统的利用效率。

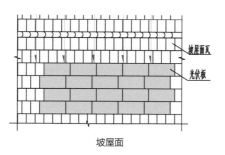

坡屋面

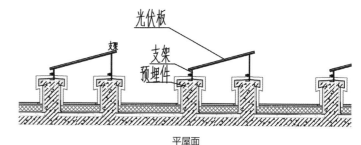

平屋面

太阳能光伏板安装做法示意图

坡屋面太阳能光伏板

平屋面太阳能光伏板

有树荫遮挡光伏板

光伏遮阳板

光伏雨棚

2）太阳能光伏瓦

农房坡屋面鼓励采用与传统屋面瓦形态结合的太阳能光伏瓦，光伏瓦的形态和色彩应与建筑整体风格保持一致。

3）太阳能光伏灯

①有条件的建议在院落安装太阳能光伏LED灯，供夜间照明使用。

②太阳能光伏灯安装时，光伏板应朝南向，且周边无其他遮挡物。

形态和色彩符合建筑整体风格

背阳面无需设置光伏瓦

太阳能墙壁灯

太阳能庭院灯

（3）空气源热泵热水器

①鼓励安装空气源热泵热水器，提供生活热水。

②优先选择阳台等通风良好的位置安装空气源热泵热水器，设计时应预留进出水口，室外水管应采用保温棉进行外保温。

空气源热泵热水机安装示意

靠近出入口影响行人

◎ **智能化设计**

1. 安全防卫

（1）鼓励设置门禁、可视对讲等安防系统。

（2）应设置燃气泄漏检测器和火灾报警器等，并兼具声光提示。

（3）供老年人使用的主要区域，例如卧室、卫生间等，建议设置紧急呼叫按钮，并与亲友、社区或者有关部门系统联动。

可视对讲

指纹、面部等生物识别门禁

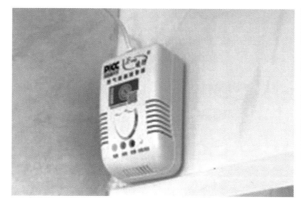

燃气泄漏报警器

火灾报警器

2. 家用电气设备

（1）应设置有线电视、电话、信息网络等信息设施系统。

（2）鼓励设置无线局域网络全覆盖设施。

拉绳式紧急呼救按钮　　　　　无线呼救器

◎ 庭院景观

1. 铺装

庭院铺装应采用防滑材料，避免积水结冰，生长青苔。建议选用本土材料，其色彩、风格需要与周边环境和建筑主体相协调。

鼓励选用透水铺装，如机动车停车位可采用植草砖，庭院内采用透水砖。

机动车停车位采用植草砖铺装　　　庭院采用透水砖进行铺装

2. 院墙

院墙材料建议选用乡土材料，如块石、木材、竹子等，其色彩、风格应与周边环境和建筑主体相协调。鼓励回收利用老旧乡土建材用于院墙装饰等。

院墙示意图

根据村民生活习惯，选择绿篱、木（竹）栅、院墙与主房、辅房一起形成院落围合。院墙不应过于封闭，建议虚实得当，通过多种形式的镂空处理增加围墙的通透性。院墙高度一般不大于1.8m，通透率一般不低于50%。

3.绿化、果菜园

庭院内及房屋周边建议种植具有地方特色、易生长、抗病害的经济作物、观赏果树蔬菜等植物，庭院里的高大树木应与主房保持适当距离。

菜果园应根据作物特性设置，适宜作物生长，建议结合辅房农具间设置，满足日常农作需求。

院墙示意图

庭院绿化、果菜园示意图

■ 建筑结构与构造

◎ 基本要求

1. 抗震设防6度及以上抗震地区的农房，应按现行国家标准采取抗震措施。

2. 房屋体形应简单、规整，平面不应局部凸出或凹进过多，立面一般不高度起伏过大。

3. 结构体系一般为砌体结构，也可是钢筋混凝土框架结构。各地应结合本地经济发展水平、运输条件、地质情况以及地方材料合理选择建筑结构形式。

4. 一般不错层。若房屋平面复杂，可以采取抗震缝的方式分为简单的平面（缝净宽一般为100mm）。

5. 鼓励有条件的农户选用低层轻型钢结构装配式建筑、装配整体式混凝土建筑等新型建筑结构体系。

◎ 建筑材料

1. 选材建议结合当地实际情况，因地制宜，就地取材，选用绿色经济的建材产品和可循环再利用的建筑材料。在保证安全和性能要求的前提下，可回收使用旧建筑的构件及材料，优先选用乡土材料。

2. 结构材料性能指标需要符合下列要求：

（1）砌体结构房屋包括烧结普通砖、烧结多孔砖、混凝土小型空心砌块、蒸压灰砂砖和蒸压粉煤灰砖墙体承重的房屋，一般不使用黏土实心砖。各种砖、砌块及其砌筑砂浆性能指标应符合附表3的规定。

（2）钢筋建议采用HPB300（Ⅰ级）热轧光圆钢筋和HRB400（Ⅲ级）热轧螺纹钢筋，铁件、扒钉等连接件建议采用Q235钢材。

（3）圈梁、构造柱的混凝土强度等级不应低于C20，梁、板和承重柱的混凝土强度等级不应低于C25。

（4）不应使用过期或质量不合格的水泥，不应混用不同品种的水泥。

（5）具备条件的农村住房建设工程鼓励采用商品混凝土或预拌砂浆。

◎ 地基和基础

1. 地基和基础

（1）基础建议放在老土上，不应放在软弱土、液化土、新近填土、虚土上，否则应采取相应措施，如换土垫层或压实填土。同一房屋的基础不应设置在性质明显不同的地基土上，不应采用不同类型的基础。

（2）当同一房屋基础底面不在同一标高时，建议按宽高比为1：2的台阶逐步放坡。

（3）当存在相邻房屋时，新建房屋的基础埋深不应大于原有房屋基础。当新建房屋的基础埋深大于原有房屋基础时，两基础应保持不小于基底高差两倍的距离。

（4）基础建议埋置在地下水位以上，否则施工时应考虑基坑排水；当为季节性冻土时，基础建议埋置在冻深以下或采取其他防冻措施。

（5）基础埋深不应小于0.5m，且建议埋入稳定老土层0.15~0.3m。

（6）基础建议采用砖、石、灰土或三合土等材料砌筑，砖基础应采用实心砖砌筑，灰土或三合土应夯实。砖砌基础的材料不应低于上部墙体的砖和砂浆的强度等级，砂浆的强度等级不应低于M2.5。

2. 常用基础类型

一般采用砖放脚基础、灰土基础、钢筋混凝土基础等，基础宽度应根据墙体荷载和地基承载力大小确定。基础应符合附表4的要求。

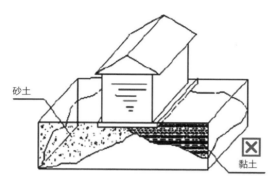

地质明显不同的地基

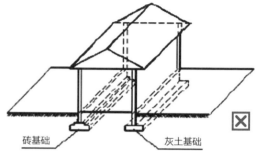

不同类型的基础

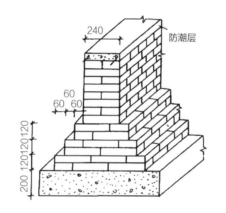

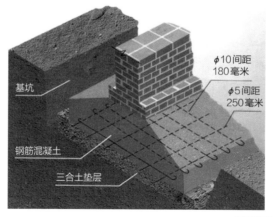

砖放脚基础

钢筋混凝土基础

◎ **建筑结构体系**

结构应受力简单、传力明确，避免因部分结构或构件破坏而导致整个结构破坏，应该具备必要的抗震承载能力，对可能出现的薄弱部位，建议采取措施局部加强。

1.砌体结构

砌体结构是指由块体和砂浆砌筑而成的墙、柱作为建筑物主要受力构件的结构，是砖砌体、砌块砌体和石砌体结构的统称。

（1）平面布置

纵横墙的布置建议均匀对称，在平面内应对齐，竖向上下连续，在同一轴线上窗间墙的宽度应均匀。一般不设置错层，如确需设置错层，错层高差不应大于600mm及梁高，同时增加圈梁和构造柱等加强措施。

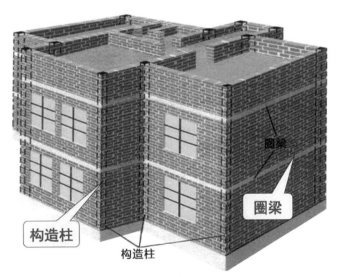

圈梁和构造柱示意图

（2）层高要求

单层砌体结构房屋层高不应超过4.0m，两层及以上房屋其各层层高不应超过3.6m。

（3）承重体系

优先采用横墙（沿建筑物短轴方向布置的墙）承重或纵横墙共同承重的结构体系，纵、横墙交接处要有拉结措施，烟道、通风道等竖向孔道不应削弱墙体，否则应对墙体采取加强措施。

纵、横墙示意图

横墙和内纵墙上的门窗洞口宽度一般不大于1.5m，外纵墙上的门窗洞口宽度一般不大于1.8m或开间尺寸的一半，最大横墙间距如附表5所示。

同一房屋一般不采用木柱与砖柱、木柱与石柱混合的承重结构；一般不采用砖（砌块）墙、石墙、土坯墙、夯土墙等不同材料墙体混合的承重结构；不应在挑梁和楼板上砌筑承重墙砌体。

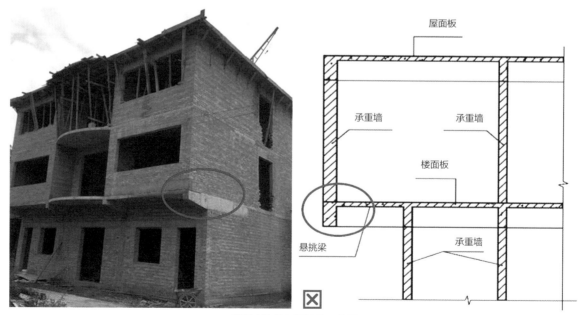

挑梁上砌筑承重墙体示意图

（4）墙体厚度

实心砖墙、蒸压砖墙不应小于240mm，多孔砖墙、混凝土小型空心砌块墙不应小于190mm，空斗墙一般不用作承重墙。

当240mm厚实心砖墙、蒸压砖墙及多孔砖墙的屋架或屋面（楼面）梁跨度大于6m时，190mm厚小砌块墙、多孔砖墙的跨度大于4.8m时，支承处墙体可采取加厚、增设梁垫或设置扶壁柱等措施。

蒸压砖   多孔砖   混凝土小型空心砌块

（5）圈梁

在基础顶面、楼层处和屋顶檐口处，同一水平面上应设置连续封闭的钢筋混凝土圈梁，纵、横砖墙的钢筋混凝土圈梁在交汇处应相互连接。

圈梁的宽度应与墙厚相同，高度不应小于120mm，纵向钢筋不少于 $4\phi10$；箍筋可采用 $\phi6$，间距不大于300mm。圈梁兼作门窗洞口过梁时，过梁部分的钢筋按受力计算结果增加钢筋。

采用现浇楼、屋面板时，当楼板与墙体有可靠连接可不设置圈梁，但楼板沿墙体周边均需要加强配筋并应与相应的构造柱钢筋可靠连接。

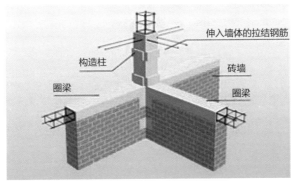

圈梁

（6）构造柱

纵横墙交接处、外墙四角和对应转角、楼梯间四角、楼梯斜梯段上下端对应墙体处、大房间内外墙交接处、内外墙宽度不小于2.1m洞口的两侧需设置构造柱。

构造柱与墙体连接处应砌成马牙槎，并沿墙高每隔500mm设2ϕ6拉结筋，每边伸入墙内1.0m，先砌墙后浇筑构造柱。

构造柱截面厚度不应小于墙厚，纵向钢筋建议采用4ϕ12，箍筋建议采用ϕ6，间距不大于200mm并在柱上下端可以适当加密。构造柱的纵向钢筋要在基础和楼层圈梁中锚固。构造柱与圈梁连接处，构造柱的纵筋应穿过圈梁，保证构造柱纵筋上下贯通。

构造柱可不单独设置基础，但要伸入室外地面下500mm。当有突出屋顶的楼梯间时，其楼梯间设置的构造柱需要延伸到突出屋顶楼梯间顶部，并与顶部圈梁相连接。

构造柱与马牙槎

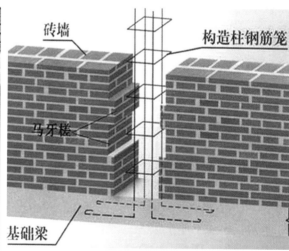

构造柱与基础梁连接结

（7）过梁

门窗洞口建议采用钢筋混凝土过梁，过梁的支承长度不应小于240mm，过梁宽度不应小于墙厚，过梁高度与纵向钢筋应通过受弯构件计算得到，也可以参考下附表6，箍筋建议采用ϕ8，间距200mm。

当采用砖砌过梁时，砖砌平拱过梁的砂浆强度等级不应低于M5（Mb5），竖砖砌筑部分的高度不应小于240mm。

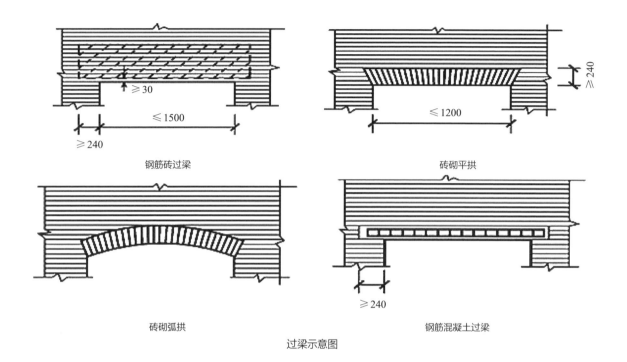

钢筋砖过梁   砖砌平拱

砖砌弧拱   钢筋混凝土过梁

过梁示意图

（8）挑梁、雨篷等悬挑构件

挑梁、雨篷等悬挑构件的尺寸及配筋应通过抗倾覆计算得到。纵向受力钢筋应伸入至梁或板尾端。挑梁埋入砌体长度应大于挑出长度的1.2倍；当挑梁上无砌体时，则应大于挑出长度的2倍。

（9）屋（楼）盖规定

砌体农房结构的屋（楼）盖建议采用现浇钢筋混凝土板，楼板厚度不小于80mm，屋面板厚度不小于120mm，楼板的跨度与厚度的比值不应大于40，现浇钢筋混凝土楼盖、屋盖板伸进砌体墙内的长度不应小于120mm。

抗震设防6度、7度地区也可以采用预应力圆孔板屋（楼）盖，其整体性连接及构造应采取以下措施：支承在墙或混凝土梁上的预应力圆孔板板端钢筋应搭接，并在板端缝隙中设置直径不小于φ8的拉结筋与板端钢筋焊接；板端孔洞用砖块、砂浆封堵；支承处要有坐浆，板端缝隙用不低于C20的混凝土浇筑密实，板上应有水泥砂浆面层。

坡屋顶屋架应与顶层圈梁可靠连接，檩条或屋面板应与墙及屋架可靠连接，不应采用硬山搁檩，房屋出入口处的檐口瓦应与屋面构件锚固，防止滑落伤人。

（10）其他构件

烟道等竖向孔洞在墙体中留置时，建议采取附墙式或在砌体中增加配筋等加强措施避免墙体的削弱。突出屋面无锚固的烟囱、女儿墙等易倒塌构件出屋面高度一般不大于500mm（其中坡屋面上的烟囱高度由烟囱的根部上沿算起），否则应采取可靠的锚固措施，如加设压顶圈梁。

一般不采用无锚固的钢筋混凝土预制挑檐。墙体门窗洞口侧面建议均匀布置预埋木砖，门洞每侧建议埋置3块，窗洞每侧建议埋置2块，门窗框可以采用圆钉与预埋木砖钉牢。

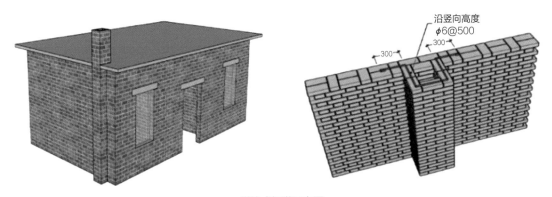

附墙式烟道示意图

2.钢筋混凝土框架结构

钢筋混凝土框架结构是指由钢筋混凝土梁和柱为主要构件组成的承受竖向和水平作用的结构，钢筋混凝土框架建议采用双向框架结构，一般不采用单跨框架，不应设置任何方向都不构成框架的孤立柱。

钢筋混凝土框架结构农房示意图

（1）框架结构一般不采用部分由砌体墙承重的混合形式；框架结构中的楼梯间、局部出屋顶的楼梯间等，应采用框架承重，不应采用砌体墙承重；框架结构的填充墙及隔墙可以选用轻质墙体材料。

（2）钢筋混凝土框架房屋平面应简单规则，不应采用严重不规则的平面布置；传力应明确，应具备必要的承载能力。

（3）材料：

钢筋混凝土结构的混凝土强度不应低于C25，结构构件中的普通纵向受力钢筋建议选用HRB400级钢筋；箍筋可选用HRB300、HRB400级钢筋，材料性能应满足现行国家标准的有关规定。

（4）基础：

钢筋混凝土框架结构建议采用独立柱基础，当基础埋置较深，或地基土内存在软弱土层时，建议沿两个主轴方向设置基础梁。

钢筋混凝土框架柱独立基础

（5）钢筋混凝土框架房屋的抗震等级6度区为四级，7度区为三级，8度区为二级，其计算和构造措施应符合现行国家标准的相应要求，经过设计计算来确定梁、柱截面大小，钢筋面积等参数。

（6）框架梁：

框架结构的主梁截面高度可按跨度的1/10~1/18确定；梁的截面宽度不应小于200mm。框架梁两端箍筋加密区的长度、箍筋最大间距和最小直径建议按附表7采用。

沿框架梁全长顶面、底面的配筋，二级不应少于2φ14，且分别不应少于梁顶面、底面两端纵向配筋中较大截面面积的1/4，三、四级不应少于2φ12。

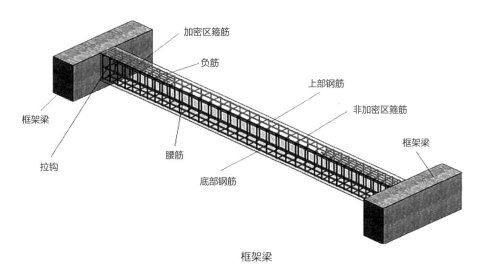

框架梁

（7）框架柱：

框架柱截面方柱边长一般不小于300mm，圆柱的直径一般不小于350mm，柱的剪跨比建议大于2，长边和短边的边长比一般不大于3。

柱纵向受力钢筋建议对称配置，截面边长大于400mm的柱纵向钢筋间距不应大于200mm，柱最大总配筋率不应大于5%，最小总配筋率建议按附表8采用。

框架柱在楼层上下端部柱净高的1/6和500mm较大值范围内箍筋应加密，柱净高与柱截面宽度之比不大于4的短柱箍筋全高加密。加密区箍筋的最大间距和直径建议按附表9采用；每隔一根纵向钢筋建议在两个方向设箍筋或拉筋约束；采用拉筋复合箍时，拉筋应紧靠纵向钢筋并钩住箍筋。

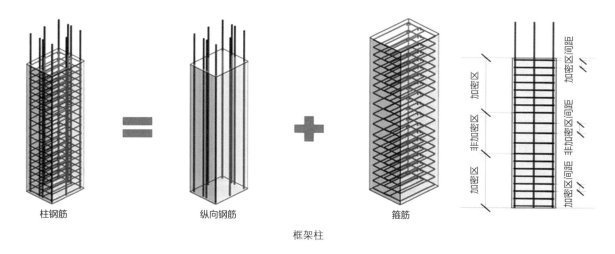

框架柱

为避免房屋内出现柱角，可采用L形、T形、十字形及Z形截面柱的现浇钢筋混凝土异形柱，柱肢可同墙厚，其计算和构造措施应满足现行国家标准的相关要求。

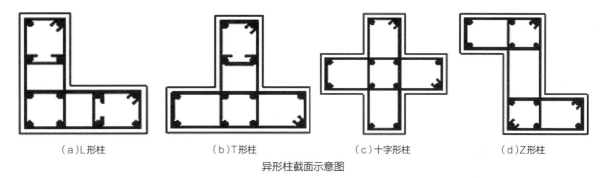

（a）L形柱　　　　　　（b）T形柱　　　　　　（c）十字形柱　　　　　　（d）Z形柱

异形柱截面示意图

（8）框架结构优先采用现浇钢筋混凝土屋（楼）盖。当采用预制板的装配式屋（楼）盖时，需要采取措施保证屋（楼）盖的整体性，如采用配筋现浇面层加强时，厚度不要小于50mm。

（9）楼梯间建议采用现浇钢筋混凝土楼梯，楼梯间的布置不应导致结构平面特别不规则，楼梯间两侧填充墙与柱之间需要加强拉结。

（10）框架结构的砌体填充墙的要求：

填充墙建议优先采用轻质墙体材料，实心块体的强度等级不低于MU2.5，空心块体的强度等级不低于MU3.5，填充墙的砂浆强度等级不低于M5，墙顶与框架梁密切结合。

砌体填充墙建议沿框架柱全高每隔500~600mm设置2ϕ6的拉筋，拉筋伸入墙内的长度建议沿墙全长贯通。

墙长大于5m时，墙顶与梁（板）要有钢筋拉结；墙长超过8m或层高2倍时，应设置钢筋混凝土构造柱；墙高超过4m时，墙体半高应设置与柱连接且沿墙全长贯通的钢筋混凝土水平腰梁。楼梯间的填充墙还应采用钢筋网砂浆面层加强。

（11）突出屋面结构的女儿墙、立墙、烟囱等易倒塌构件，在人流出入口和通道处应与主体结构可靠拉结。

◎ **装配式建筑技术应用**

1.装配式建筑设计

应按照通用化、模数化、标准化的要求，以少规格、多组合的原则实现建筑及部品部件的系列化和多样化。墙板、门窗、阳台、空调板及遮阳部件等应进行集成设计。内装修应与建筑设计、设备与管线设计同步进行，采用装配式楼地面、墙面、吊顶等部品系统，建议采用集成式厨房、集成式卫生间及整体收纳等部品系统。

底部楼层安装

屋面安装

装配式建筑

集成式卫生间

　　模块组合的设计方法就是采用楼电梯、集成式厨房、集成式卫生间等工厂化生产的模块现场组装。

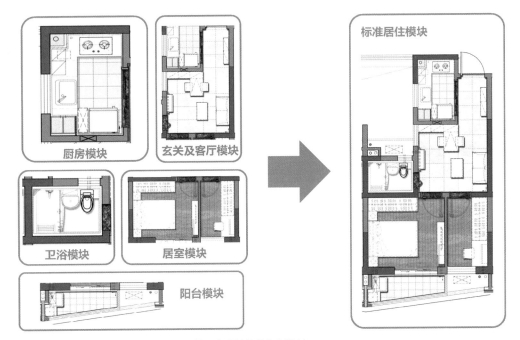

厨房模块　　玄关及客厅模块　　卫浴模块　　居室模块　　阳台模块　　标准居住模块

装配式建筑的模块化设计

2.装配式混凝土结构

　　装配式混凝土结构适用于集中建造的低层装配式农房，适用于抗震设防烈度为8度及以下地区。装配式混凝土结构应符合设计标准化、模数化的原则，可采用装配整体式框架结构体系，也可采用装配式混凝土墙板结构体系。

　　（1）装配整体式混凝土框架结构

　　装配整体式混凝土框架结构可按照现浇钢筋混凝土框架结构进行设计，同时还应满足以下规定：

　　当采用叠合梁时，梁的后浇混凝土叠合层厚度不小于150mm，对接连接时，连接后浇段长度应满足梁下部纵向钢筋连接作业空间需求，钢筋在后浇段内宜采用机械连接、套筒灌浆连接或焊接。

　　装配整体式框架节点，后浇节点区混凝土上表面应设置粗糙面，柱纵向受力钢筋应贯穿后浇节点区，柱底接缝宜设置在楼面标高处，接缝厚度宜为20mm，并应采用灌浆料填实，梁纵向受力钢筋伸入后浇节点区内锚固或连接。

预制梁构件

装配整体式框架节点

（2）装配式混凝土墙板结构

混凝土墙板体系采用的混凝土强度一般不低于C30，预制墙体坐浆材料及灌浆材料应采用高强度、低收缩灌浆料。

承重墙体可以是预制混凝土墙体，也可以是密肋复合墙板、预制叠合墙板等采用混凝土与其他材料复合形成的墙体，墙体的厚度不小于150mm；预制剪力墙体转角、纵横墙交接部位要设置后浇混凝土暗柱；预制剪力墙体水平接缝建议设置在楼面标高处，接缝厚度建议为20mm，可采用套筒灌浆、浆锚搭接、焊接等连接方式。

装配式混凝土墙板

（3）内隔墙

非承重内隔墙可根据现场条件采用轻型条板，如ALC板、陶粒板等，也可采用轻钢龙骨复合墙体。

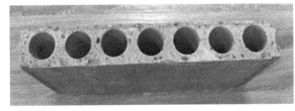

（a）陶粒板 （b）ALC板

轻型条板

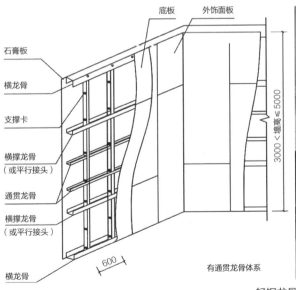

轻钢龙骨石膏板

（4）叠合楼盖设计

装配式混凝土结构的楼盖建议采用叠合楼盖，如桁架钢筋混凝土叠合板、预应力混凝土叠合板、空心板等，应按照现行国家标准设计。叠合板的预制板厚度一般不小于60mm，后浇混凝土叠合层厚度不应小于60mm。跨度大于3m的叠合板建议采用桁架钢筋混凝土叠合板；跨度大于6m的叠合板建议采用预应力混凝土叠合板。

3.装配式轻钢结构

装配式轻钢结构适用于集中建造或分散建造的装配式农房，抗震设防烈度为8度及以下地区，主体结构层数不超过两层（局部三层），对于运输条件受限的区域建议优先采用该结构体系。

桁架钢筋叠合板

预应力叠合板

轻钢房屋

轻钢骨架

轻钢结构房屋示意

冷弯薄壁型钢构件

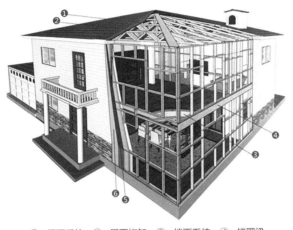

①-屋面系统　②-屋面桁架　③-楼面系统　④-楼圈梁
⑤-墙体系统　⑥-墙面骨架

装配式轻钢结构农房构造示意图

装配式轻钢结构农房建造图

轻型钢结构住房的钢构件一般选择热轧H型钢、高频焊接或普通焊接H型钢、冷轧或热轧成型的钢管、冷弯薄壁型钢等。轻钢结构的内外墙可采用轻型条板（ALC板、陶粒板）及轻钢龙骨复合墙体等，内外墙与主体结构之间应有效连接，且应对结构构件采取有效的防腐和防火措施。楼面板可采用条板、大板以及其他装配式楼面，也可采用钢筋桁架楼承板并浇筑混凝土。屋面建议采用轻质屋面系统，应满足保温、隔热、防潮、隔声等基本功能要求，可采用压型金属瓦、琉璃瓦等材料。

4. 轻型木结构体系

轻型木结构体系中，密布的规格木骨架和结构覆面板材组成了各个结构构件，例如墙体、楼盖和屋盖。这些构件共同为结构提供了足够的强度和刚度，以抵抗水平和竖向的荷载或作用。其特点是安全可靠、保温节能、设计灵活、快速建造、成本低。

轻型木结构体系房屋

轻木桁架

木骨架组合墙体

轻型木结构

5. 装配式建筑设备与管线系统设计

（1）装配式建筑的设备与管线应采用集成化技术，标准化设计，并与主体结构相分离，应方便维修更换，不应影响主体结构安全。

（2）装配式建筑的设备和管线设计应与建筑设计同步进行，预留预埋应满足结构专业相关要求，不应在安装完成后的预制构件上剔凿沟槽、打孔开洞等。穿越楼板管线较多且集中的区域可采用现浇楼板。

（3）装配式建筑的设备与管线宜在架空层或吊顶内设置，公共管线、阀门、检修口、计量仪表、电表箱、配电箱、智能化配线箱等，应统一集中设置在公共区域。

预制组合管道

叠合板预留、预埋管线

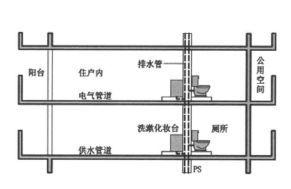
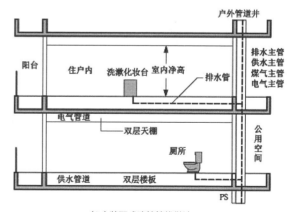

（a）传统建筑管线做法　　　　　（b）装配式建筑管线做法

设备管线布置示意图

■ 建筑设备

◎ 给水排水

1.一般规定

（1）应设置室内给水排水系统。

（2）给水排水管线预埋敷设应与土建施工同步进行。

（3）建筑生活用水一般使用市政管网直接供水。

（4）建筑排水应采用雨、污分流制，尽量利用地形重力自流排出。

2.给水

（1）给水系统：一般利用室外给水管网水压直接供水，水压不足的地方，在室内增设管道泵增压。如有净水需求，可采用终端净水处理设备分质供水。

家用管道泵　　　　　　　　　　　　　　　　家用净水设备

（2）用水定额及水压：用水定额根据当地经济和社会发展、水资源充沛程度、用水习惯综合分析确定，建议取85~320L/（人·d）。建筑用水点压力不高于0.20MPa，同时满足卫生器具工作压力的要求。

（3）管材及附件的选用：采用的管材和管件应符合现行国家标准的要求，选用耐腐蚀和安装连接方便可靠的管材。埋地给水管道采用塑料管、有衬里的铸铁管；室内给水管道采用塑料管、塑料和金属复合管、不锈钢管等。各类阀门可采用全铜、全不锈钢、铁壳铜芯和全塑阀门等。卫生器具和配件选用节水型生活用水器具。水表设在观察方便、不冻结、不被任何液体及杂质所淹没和不易受损处。

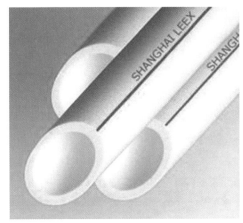

PPR管

不锈钢管

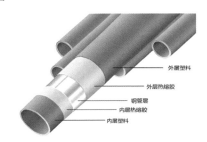

外层塑料
外层热熔胶
钢管层
内层热熔胶
内层塑料

钢塑复合管

（4）管道布置及敷设：室内给水管可采用枝状、环状或分水器供水。室内给水干管敷设在吊顶、管井中，支管在吊顶、楼面垫层或墙体管槽内暗设；寒冷地区不采暖房间给水管道应采取保温措施。

3.热水

（1）热水系统：鼓励设置太阳能热水系统，采用分户式承压太阳能、燃气热水器或电热水器辅热。

（2）用水定额及水温：热水用水定额根据卫生器具完善程度及地区条件综合分析确定，建议取40~100L/（人·d）。热水器出水温度不大于70℃，配水点温度不低于45℃。

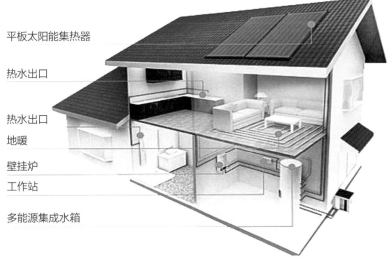

平板太阳能集热器

热水出口

热水出口
地暖

壁挂炉

工作站

多能源集成水箱

太阳能卫生热水联合采暖

（3）管材、附件和管道敷设：热水管道采用薄壁不锈钢管、薄壁铜管、塑料热水管、复合热水管等。太阳能集热管道应采用耐温不小于200℃的金属管材。燃气热水器、电热水器应带有保证使用安全的装置。塑料给水管道用0.4m的金属管道过渡与水加热器直接连接。塑料热水管一般暗设，明设时立管布置在不受撞击处。热水管道应保温。

（4）散热器、热水辐射供暖分集水器应有防止烫伤的保护措施。

4. 生活排水

（1）排水系统：一般采用伸顶通气的单立管系统，厨房、卫生间的排水管道分开设置，底层污水单独排出。排水立管设在排水量最大、靠近最脏、杂质最多的排水点处，卫生器具至排出管的距离短，管道转弯少。

（2）排水定额：污水定额按用水定额的60%~90%确定。建筑内污、废水合流排出。

（3）卫生器具、管材选用及安装：卫生器具的数量和材质根据国家现行标准确定，存水弯和地漏的水封深度不小于50mm。排水管材采用塑料管。排水管道埋地敷设或在地面上、楼板下明设，当排水管道在餐厅、厨房、起居室、卧室上空时可采取同层排水措施。

（4）生活污水不应散排，应经管道收集后排往市政管网，如室外无市政管网，应经污水处理设施处理达到无害化标准后，排放水体或用于农田灌溉和养殖业。

5. 雨水

（1）雨水系统：建筑雨水管道建议单独设置，屋面雨水可采用重力流排水系统。阳台雨水建议单独排放，立管底部应间接排水。

侧墙雨水斗

87型雨水斗

（2）雨水设计流量及管材选用：设计暴雨强度按当地或相邻地区暴雨强度公式确定，屋面雨水设计降雨历时按5min计算，设计重现期采用5a，径流系数建议采用0.90。雨水管材一般选用塑料管。寒冷地区雨水管布置在室内。

植草沟

前置塘

生态沟渠

雨水湿地

雨水花园

透水铺装

低影响开发技术

（3）雨水建议散排，采取透水铺装、雨水花园、下凹绿地、植草沟、生物滞留、雨水桶等渗、滞、净、用海绵设施，减少外排雨水量，多余雨水排放水体及市政雨水管网，利用地面径流、沟渠和管道排放，排放水体前设生物净化措施。

块石边沟、植草沟及驳岸

◎ **电气**

1. 供电设计

（1）推广绿色照明，优先选用节能灯具，合理采用太阳能光伏发电等可再生能源为照明提供用电。

（2）变压器应深入负荷中心，建议以组团为单位设置，组团小时也可跨组团设置。

（3）建议采用TT接地方式（将电气设备的金属外壳直接接地的保护系统，称为保护接地系统），但当农房集中时也可采用TN-C-S接地方式（前部分是TN-C方式供电，在系统后部分现场总配电箱分出PE线），严禁采用TN-C接地方式（用工作零线兼作接零保护线，可以称作保护中性线）。

（4）室外线路建议采用架空敷设，农房集中时也可直埋或排管敷设。

（5）电源总进线应装设防火灾剩余电流保护并做总等电位联结，装有淋浴或浴盆的卫生间应做局部等电位联结。

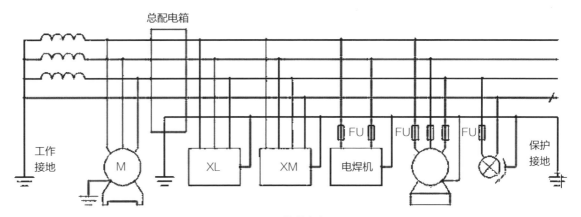

TT接地方式

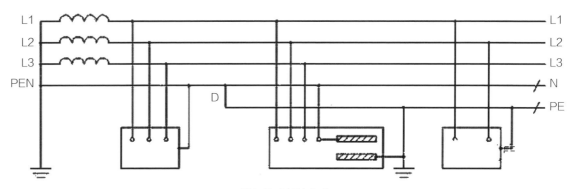

TN-C-S接地方式

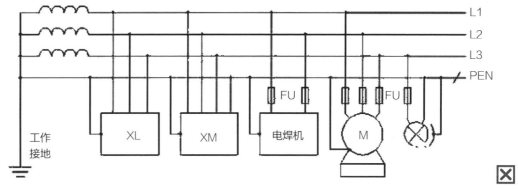

TN-C接地方式

（6）用电负荷根据套内面积和用电负荷计算确定，并为今后发展留有余地，应不小于6.0kW。一般单相供电，有生产经营或户用电量在10kW及以上者采用三相供电。

（7）应设置住户配电箱，电源总开关装置应采用可同时断开相线和中性线的开关电器。住户配电箱的箱底距地高度不低于1.6m。

2.回路设计

（1）配电箱除壁挂式分体空调插座回路外，一般插座回路、厨房插座回路及卫生间插座回路都应设置剩余电流保护装置。

（2）空调电源插座、一般电源插座与照明应分回路配电。

（3）电炊具的普及且功率较大，厨房插座回路建议单独配电。

（4）浴室潮湿，易发生电气故障，且可能安装有电热水器和浴霸等大功率电器，应设单独回路配电。

（5）装有淋浴或浴盆卫生间的照明回路，接入卫生间插座回路。

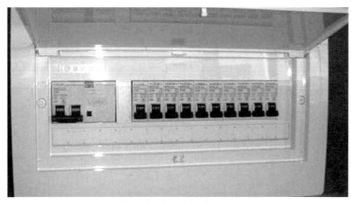
可同时断开相线和中性线的开关电器

剩余电流保护装置

3.导线选择

（1）农房导线截面积应根据家庭最终负荷来选择，建议适当放大，为用电设备增加留有一定的余量（特别是寒冷地区采用电取暖方式时）。

（2）电气线路应采用既安全又防火的敷设方式配线，所有电线应采用穿管暗敷设方式配线。导线应采用铜芯绝缘线，每套进户线截面不小于10mm²。一般插座回路、空调插座回路当断路器整定≤16A时其导线截面积应不小于2.5mm²（铜线），照明回路主线截面积应不小于2.5mm²（铜线）。

（3）导线应按规定相色选线，以便接线时区分相线、中性线、接地线。

4.灯具插座设计

（1）庭院和大门应设计照明灯具（其回路应带漏电保护），在场院的合适位置的围墙上还应设计防水插座备用。

（2）套内插座的数量应保证住户不用拉明线而使电器设备足够使用。单相二线加单相三线插座数量，起居室不少于三组；卧室、书房各不少于两组；厨房不少于两组；卫生间不少于一组。厨房及卫生间的插座应采用防溅型。

（3）分体空调器插座应选16A及以下，柜式空调可选用20A（导线选用不小于4.0mm²的铜芯线），其他插座可选10A。

（4）楼梯应选用上下两处都能开关的双控开关。

5.住户用电容量及电气设备安装

（1）用电计量箱采用户外单户表箱，下沿距地1.6~1.8m壁装，表箱要具有防雨和防阳光直射计量表计等防护措施，箱体防护等级不应低于IP54（即防尘为5级：无法完全防止灰尘侵入，但侵入灰尘量不会影响产品正常运作；防水等级为4级：防止飞溅的水侵入，防止各方向飞溅而来的水侵入）。计量要满足当地供电部门的要求。

（2）用电容量配置：如表1所示。

用电容量配置　　　　　　　　　　　　　　　　　　表1

序号	面积范围	容量配置标准	供电方式	配线（铜芯电缆）	配管
1	面积≤120m²	8kW/户	单相	3×10mm²	PVC 40
2	120m²＜面积≤150m²	12kW/户	单相	3×10mm²	PVC 40
			三相	5×10mm²	PVC 40
3	150m²＜面积≤200m²	16kW/户	三相	5×10mm²	PVC 40
4	面积＞200m²	80W/m²	三相	根据容量确定	/

（3）插座安装在1.8m及以下时应采用安全型；卫生间电源插座（刮须插座除外）、厨房及非封闭阳台电源插座应采用防溅型；面对插座时，插座的接线为左零右火上接地。

（4）在0、1及2区内（0区是指澡盆或淋浴盆的内部；1区的界线为围绕澡盆或淋浴盆的垂直平面，或无盆淋浴距离淋浴头0.6m的垂直平面，地面和地面之上2.25m的水平面；2区的限界为1区外界的垂直平面和1区之外0.6m的平行垂直平面，地面和地面之上2.25m的水平面），不得装设开关设备及线路附件，照明灯具不得设置在浴盆的正上方，无盆淋浴距离喷头1.2m的垂直平面内也不应设置照明灯具。

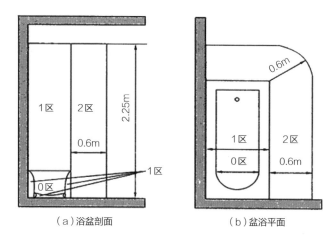

（a）浴盆剖面　　　　　（b）盆浴平面

浴室区域的划分

6.防雷及接地

（1）防直击雷装置采取以下措施：

①利用现浇钢筋混凝土屋面内的钢筋网、特别是檐口处的钢筋网作为接闪器，沿檐口周边明敷专用接闪带。

②从檐口处的屋面钢筋网约每隔9m引出一根直径10mm圆钢（焊接或用卡接器连接）与专用接闪带连接。

③利用建筑物混凝土梁、柱内直径不小于10mm的钢筋作为引下线。引下线不小于两根，平均间距不应大于25m。明敷设引下线在地面以上1.7m长的一段，改用壁厚3mm硬塑料管保护，并应在距地面1.8m处做断接卡子，供测量接地电阻使用。

④利用基础和桩基内的钢筋体做接地体，直接埋入土壤中的所有接地装置的各种金属件应热镀锌。用直径10mm钢筋将外露金属管就近与钢筋网或专用接闪带连接，天线金属体或立柱与其金属底座连接在一起，再将底座的地脚螺栓与屋面钢筋网连接。

（2）优先利用基础和地梁主筋作接地装置，无可利用时再按照接地体要求敷设室外接地装置，接地电阻不大于4Ω。

（3）各个电气系统的接地建议采用共用接地网。各类家用电器的金属外壳应通过保护线接至共用接地网上。

（4）室内接地线和N线应分开敷设，不允许在插座内将接地极和中性线直接相连。

（5）接地装置应采用热镀锌钢材。

（6）应做总等电位联结，装有淋浴或浴盆的卫生间应做局部等电位联结。

（7）局部等电位联结包括卫生间内金属给水排水管、金属浴盆、金属洗脸盆、金属采暖管、金属散热器、卫生间电源插座的PE线以及建筑物钢筋网。

◎ 供暖与空调

（1）应根据当地资源条件，经技术经济比较分析确定合适的供暖空调方式。建议优先采用可再生能源。

（2）累年日平均温度稳定低于或等于5℃的日数大于或等于90d的地区，冬季应配置供暖设施或预留供暖设施的条件。

（3）采用户式燃气热水炉供暖时应符合下列规定：

应采用全封闭式燃烧、平衡式强制排烟型热水炉。

应布置在厨房、阳台、设备间、设备平台等处。

燃气热水炉的排烟口应直通室外，并远离人员活动场所和新风入口。

（4）采用空气源热泵供暖或空调时，室外机组位置的设置应避免其运行噪声影响卧室、书房等需要安静的场所。

◎ 家居智能化

1.家居智能配线箱

（1）建议每户设置家居智能配线箱。

（2）家居智能配线箱内应设有通信（电话、光纤）及电视入户接入点模块，并能满足不同通信运营商接入的要求。

（3）家居智能配线箱建议暗装在走廊、起居室等便于维修维护处，箱底距地高度建议为0.5m。

（4）距家居智能配线箱水平0.15~0.20m处应预留AC220V电源接线盒，电源接线盒面板底边可与家居智能配线箱面板底边平行，电源接线盒与家居智能配线箱之间应预埋金属导管。

2.通信（电话、光纤）接入系统

（1）通信（电话、光纤）系统管线到户，引入保护管应采用壁厚大于2.5mm的金属管。

（2）建议每户分别设置一根电话和光纤数据线。

（3）至少应在主卧室、堂屋适宜的位置设置电话、数据信息终端。

3.布线系统

家居智能化布线系统包括以下三种类型的布线：

①信息类布线；

②控制类布线；

③家庭电子及家庭娱乐布线。

4.有线电视系统

（1）建议每户设置有线电视系统并管线到户，引入保护管应采用壁厚大于2.5mm的金属管。

（2）有线电视系统设备及线路应满足862MHz、双向邻频传输要求。

（3）至少应在主卧室、堂屋适宜的位置设置有线电视终端。

5.家居安全防范（入侵报警）系统

（1）每户建议设置家居安全防范（入侵报警）系统。

（2）当设置家居安全防范（入侵报警）系统时，应符合下列规定：

① 应设置一个入侵报警系统控制分机。

② 入户处应设防入侵报警探测装置。

③ 在阳台及外窗等处应安装防入侵报警探测装置。

④ 应在堂屋、卧室或其他房间不少于一处设置紧急求助报警装置，紧急求助信号应能直接报至乡或村监控中心。

建筑构造   附表1

分类	名称	构造示意图	建议构造做法	备注
外墙	涂料类外墙（涂料、真石漆等面层）		1.弹性外墙涂料或真石漆类面层； 2.6厚水泥砂浆找平； 3.6厚乳液类聚合物水泥防水砂浆（压入耐碱玻纤网格布一层）； 4.外墙保温板体系（锚固件锚固）； 5.20厚1:3防水砂浆（内加5%抗渗剂）； 6.甩浆，基层墙体（不同界面交接处挂300mm宽镀锌钢丝网）	外墙外保温材料建议厚度： 寒冷地区采用EPS保温板：60~70mm； 夏热冬冷地区采用EPS保温板：15~20mm

分类	名称	构造示意图	建议构造做法	备注
外墙	面砖外墙		1. 1:1水泥（或白水泥掺色）砂浆（细砂）勾缝； 2. 贴8~10厚外墙饰面砖，在砖粘贴面上随贴随涂刷一遍混凝土界面处理剂，增强粘结力； 3. 6厚1:2.5水泥砂浆（掺建筑胶）； 4. 刷素水泥浆一道（内掺水重5%的建筑胶）； 5. 5厚1:3水泥砂浆打底扫毛或划出纹道； 6. 刷聚合物水泥浆一道； 7. 基层墙体	外墙自保温墙体建议厚度： 寒冷地区一般不采用自保温墙体。 夏热冬冷地区： 非黏土实心砖：370mm； 加气混凝土墙体：200mm； 多孔砖：240mm
地面	普通地面（水泥、防滑地砖、木地板等面层）		1. 面层； 2. 30厚1:2水泥砂浆； 3. 刷素水泥浆一道； 4. 60厚C20细石混凝土； 5. 150厚碎石或碎砖夯实； 6. 素土夯实（压实系数不小于0.90）	适用于厨房、卫生间以外的无水房间
	有防水防潮层地面（水泥、防滑地砖等面层）		1. 面层； 2. 30厚1:2水泥砂浆； 3. 刷素水泥浆一道； 4. 40厚C20细石混凝土； 5. 防水层； 6. 20厚1:3水泥砂浆找平； 7. 150厚碎石或碎砖夯实； 8. 素土夯实（压实系数不小于0.90）	适用于厨房、卫生间、淋浴等有水房间
楼面	普通楼面（水泥、防滑地砖、木地板等面层）		1. 面层； 2. 30厚1:2水泥砂浆； 3. 刷素水泥浆一道； 4. 钢筋混凝土楼面，表面清扫干净	适用于厨房、卫生间以外的无水房间
	有防水防潮层楼面		1. 面层； 2. 30厚1:2水泥砂浆； 3. 刷素水泥浆一道； 4. 40厚C20细石混凝土； 5. 防水层； 6. 20厚1:3水泥砂浆找平； 7. 钢筋混凝土楼面板，表面清扫干净	适用于厨房、卫生间、淋浴等有水房间

续表

分类	名称	构造示意图	建议构造做法	备注
屋面	坡屋面（块瓦屋面）		1. 屋面瓦； 2. 1：2水泥砂浆粉挂瓦条，30×30，中距同瓦长，每条挂瓦条留20宽泄水槽，@600； 3. 40厚C20细石混凝土内配双向 ϕ4@150，随捣随抹； 4. 隔离层； 5. 卷材（涂料）防水层； 6. 保温层（XPS等）； 7. 现浇钢筋混凝土板，原浆压光，局部缺陷修补，阴角细石混凝土圆弧形（半径100）	屋面坡度不宜大于1：2。细石混凝土内配筋在屋脊处应左右互通。 寒冷地区保温层厚度建议：采用EPS保温板：90mm；采用XPS保温板：60mm 夏热冬冷地区保温层厚度建议：采用EPS保温板：50mm；采用XPS保温板：35mm
	坡屋面（沥青波形瓦屋面）		1. 沥青波形瓦； 2. 35厚C20细石混凝土内配 ϕ4@150×150钢筋网与屋面板预埋 ϕ10钢筋头绑牢； 3. 防水垫层； 4. 20厚1：3水泥砂浆找平层； 5. 保温层； 6. 现浇钢筋混凝土板，预埋 ϕ10钢筋头双向间距900，伸出屋面防水垫层30	寒冷地区保温层厚度建议：采用EPS保温板：90mm；采用XPS保温板：60mm 夏热冬冷地区保温层厚度建议：采用EPS保温板：50mm；采用XPS保温板：35mm
	平屋面		1. 40厚C20细石防水混凝土内配双向 ϕ4@150，随捣随抹； 2. 隔离层； 3. 卷材（涂料）防水层； 4. 保温层（XPS等）； 5. C20细石混凝土找坡2%并压平抹光，最薄处30厚； 6. 现浇钢筋混凝土板	适用于辅房、退台之处。 寒冷地区保温层厚度建议：采用EPS保温板：90mm；采用XPS保温板：60mm。 夏热冬冷地区保温层厚度建议：采用XPS保温板：25mm
	雨棚		1. 最薄10厚1：2.5水泥砂浆找平、找坡1%； 2. 隔离层； 3. 涂料防水层； 4. 20厚保温砂浆； 5. 现浇钢筋混凝土板，原浆压光，局部缺陷修补，阴角砂浆圆弧形（半径100）	

续表

分类	名称	构造示意图	建议构造做法	备注
墙体保护构造	勒脚		①抹水泥砂浆、刷涂料； ②贴石材勒脚； ③面砖勒脚	保护墙根
	滴水线		在阳台、窗台下边缘设置的内凹型构件	防止雨水等室外水直接沿阳台、窗台流下而侵蚀墙体
	散水		一般在外墙四周勒脚处用片石砌筑或用混凝土浇筑，散水宽度宜为600~1000mm，坡度为3%~5%左右	避免雨水冲刷或渗透到地基

注：本表建议保温构造厚度参考《农村居住建筑节能设计标准》GB/T 50824。

常用保温材料性能

附表2

保温材料名称		性能特点	应用部位	主要技术参数	
				密度 ρ （kg/m^3）	导热系数 λ [W/(m·K)]
模塑聚苯乙烯泡沫塑料板（EPS板）		质轻、导热系数小、吸水率低、耐水、耐老化、耐低温	外墙、屋面、地面保温	18~22	≤0.041
挤塑聚苯乙烯泡沫塑料板（XPS板）		保温效果较EPS好、价格较EPS贵、施工工艺要求复杂	屋面、地面保温	25~32	≤0.030
草砖		利用稻草和麦草秸秆制成，干燥时质轻、保温性能好，但耐潮、耐火性差，易受虫蛀，价格便宜	框架结构填充外墙体	≥112	≤0.072
膨胀玻化微珠		具有保温性、抗老化、耐候性、防火性、不空鼓、不开裂、强度高、粘结性能好、施工性好等特点	外墙	260~300	0.07~0.85
胶粉聚苯颗粒		保温性优于膨胀玻化微珠，抗压强度高，粘结力、附着力强，耐冻融，不易空鼓、开裂	外墙	180~250	0.06
草板	纸面草板	利用稻草和麦草秸秆制成，导热系数小，强度大	可直接用作非承重墙板	单位面积重量26kg/m^2（板厚58mm）	热阻 > 0.537m^2·K/W
	普通草板	价格便宜，需较大厚度才能达到保温效果，需作特别的防潮处理	多用作复合墙体夹心材料；屋面保温	≥112	≤0.072

续表

保温材料名称	性能特点	应用部位	主要技术参数	
			密度 ρ（kg/m³）	导热系数 λ [W/(m·K)]
憎水珍珠岩板	重量轻、强度适中、保温性能好、憎水性能优良、施工方法简便快捷	屋面保温	200	0.07
复合硅酸盐	粘结强度好，密度小，防火性能好	屋面保温	210	0.064
稻壳、木屑、干草	非常廉价，有效利用农作物废弃料，需较大厚度才能达到保温效果，可燃，受潮后保温效果降低	屋面保温	100~250	0.047~0.093
炉渣	价格便宜、耐腐蚀、耐老化、质量重	地面保温	1000	0.29

注：本表节选自《农村居住建筑节能设计标准》GB/T 50824。

砌块及砌筑砂浆性能指标　　　　　　　　　　　　　　　　　　　　附表3

砌块类型	强度等级	砌块砂浆类型	砌筑砂浆强度等级
烧结普通砖 烧结多孔砖	不低于MU7.5	普通砂浆	不低于M2.5
蒸压灰砂普通砖 蒸压粉煤灰普通砖	不低于MU15	专用砂浆	不低于M2.5
混凝土砌块	不低于MU7.5	专用砂浆	不低于Mb5

无筋扩展基础台阶宽高比的允许值　　　　　　　　　　　　　　　　附表4

基础材料	质量要求	台阶宽高比
混凝土基础	C15混凝土	1:1.00
砖基础	砖不低于MU10，砂浆不低于M5	1:1.50
毛石基础	砂浆不低于M5	1:1.25
灰土基础	体积比为3:7或2:8的灰土，其最小干密度：粉土1.55t/m³；粉质黏土1.50t/m³；黏土1.45t/m³	1:1.25
三合土基础	体积比为1:2:4-1:3:6（石灰:砂:骨料），每层约虚铺220mm，夯至150mm	1:1.50

注：基础砌筑砂浆应为水泥砂浆。

横墙的最大间距（m） 附表5

墙体类别	最小墙厚（mm）	楼屋盖类型					
		现浇或装配整体式钢筋混凝土楼、屋盖		装配式钢筋混凝土楼、屋盖		木楼（屋）盖	
		6、7度	8度	6、7度	8度	6、7度	8度
实心砖墙	240	15	11	11	9	9	4
多孔砖墙 蒸压砖墙	240	15	11	11	9	9	4
	190	12	8	8	6	6	–
小砌块墙	190	15	11	11	9	9	4

钢筋混凝土过梁参数表 附表6

洞口宽度（mm）	≤ 1200		1200~2400		2400~3600	
过梁高度（mm）	150		180		300	
墙厚（mm）	梁顶纵筋	梁底纵筋	梁顶纵筋	梁底纵筋	梁顶纵筋	梁底纵筋
190	2ϕ12	3ϕ12	2ϕ12	3ϕ14	2ϕ14	3ϕ14
240	2ϕ12	3ϕ14	2ϕ12	3ϕ14	2ϕ14	3ϕ16

梁端箍筋加密区的长度、箍筋的最大间距和最小直径 附表7

抗震等级	加密区长度（采用较大值）（mm）	箍筋最大间距（采用较小值）（mm）	箍筋最小直径（mm）
二	1.5h_b，500	h_b/4，8d，100	8
三	1.5h_b，500	h_b/4，8d，150	8
四	1.5h_b，500	h_b/4，8d，150	6

注：d为纵筋最小直径，h_b为梁截面高度。

柱截面纵向钢筋的最小总配筋率（%）　　　　附表8

类别	抗震等级		
等级	二	三	四
中柱和边柱	0.8	0.7	0.6
角柱	0.9	0.8	0.7

柱箍筋加密区的箍筋最大间距和最小直径　　　　附表9

抗震等级	箍筋最大间距（mm）	箍筋最小直径（mm）
二	8d, 100	8
三	8d, 150	8
四	8d, 150	6

注：d为柱纵筋最小直径。

CHAPTER 03

建造篇

■ 施工材料与设备

◎ 施工材料

1.水泥

水泥包装袋上应标明：水泥品种、代号、强度等级、生产厂家名称、出厂编号与包装日期等。

水泥包装袋

水泥受潮结块

水泥质量要求

2.钢材

钢材应采用正规厂家生产的产品并附有材料质量合格证明。对有抗震设防要求的结构的主要受力构件，纵向受力钢筋应采用带E钢筋。

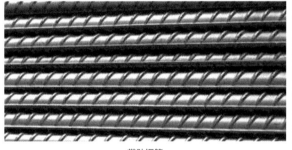

带肋钢筋

钢筋标牌

钢筋锈蚀

钢筋裂纹

钢筋质量要求

3.混凝土

农房建造应尽可能采用预拌混凝土，当采用自拌混凝土时要确保混凝土材料性能要求。

提升料斗

盘绳轮

搅拌桶

柴油电机组

出料口

支撑架

槽钢支腿

搅拌电机

混凝土搅拌

4.砂子

砂子宜采用河砂或机制砂，未经处理或检验不合格的海砂不应在农房建设工程中使用。

河砂

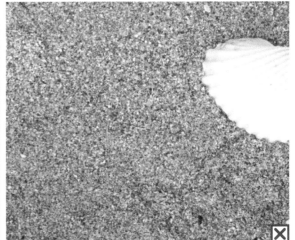

海砂

5. 砌筑材料

砌筑材料包括烧结普通砖、烧结多孔砖、煤矸石烧结砖、蒸压灰砂砖和蒸压粉煤灰砖、混凝土小型空心砌块等。

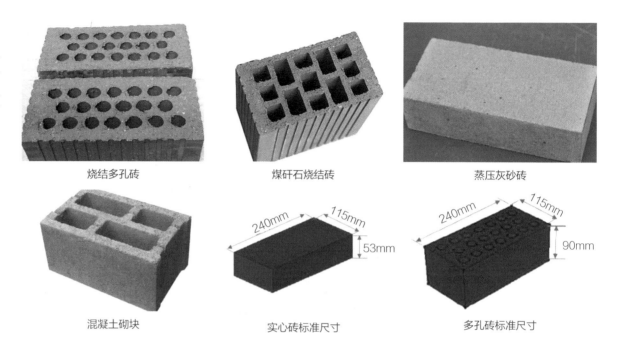

烧结多孔砖　　　煤矸石烧结砖　　　蒸压灰砂砖

混凝土砌块　　　实心砖标准尺寸　　　多孔砖标准尺寸

6. 砂浆

采用砖、砌块、料石砌筑承重墙体时，应采用混合砂浆或水泥砂浆砌筑，不应采用泥浆或不加水泥的石灰砂浆砌筑。

砌筑砂浆宜采用中砂

砌筑砂浆宜采用机械拌制　　　搅拌时间

砂浆搅拌要求

泥浆砌筑

水泥砂浆砌筑

◎ **常用施工设备**

　　常用施工设备一般包括：卷扬机、挖掘机、混凝土搅拌机、木工刨机、井字架物料提升机、汽车起重机、水泵、钢筋弯曲机、混凝土振动棒等。

卷扬机　　　　　　　挖掘机　　　　　　混凝土搅拌机

木工刨机　　　　　汽车起重机

水泵　　　　钢筋弯曲机　混凝土振动棒　　井字架物料提升机

■ 抗震要求

◎ 江苏省抗震设防区划

目前，我国通用的是第五代地震区划，根据《中国地震动参数区划图》GB 18306，我省地震动峰值加速度区划及反应谱特征周期区划具体情况详见本篇附表1。

◎ 抗震措施

1.墙体厚度

承重墙应采用24墙砌筑，12墙及18墙抗震不利，建造过程中不应作为承重墙使用。

2.过梁

门窗洞口应设置过梁，且过梁应有足够的支撑长度。

3.构造柱

（1）砌体结构房屋应在房屋四角、楼梯间四角位置自底到顶设置现浇钢筋混凝土构造柱。

（2）构造柱应设置马牙槎，箍筋上下要加密，还应设置拉结筋。

墙体不同厚度砌筑方法

过梁传力概念

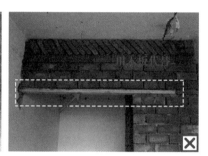

过梁做法

无构造柱农房震害

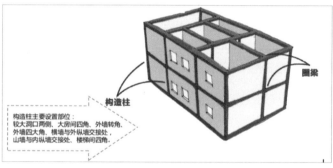

构造柱设置位置

马牙槎

构造柱做法

（3）无构造柱位置的纵横墙交接部位应设置拉结筋或钢筋网片。

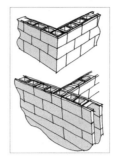 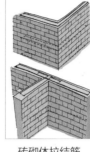 

小砌块钢筋网片　　　砖砌体拉结筋　　　　纵横墙无拉结筋震害

4. 圈梁

在基础顶面、楼层处和屋顶处应设置连续封闭钢筋混凝土圈梁。

5. 悬挑构件

房屋中悬挑构件（雨篷、阳台、挑檐等）应与主体结构可靠拉结，悬挑构件应与圈梁、大梁、构造柱连成整体或与墙体中的钢筋拉结，悬挑构件的悬挑长度不应大于1200mm。

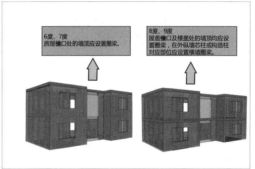 

圈梁设置位置　　　　　圈梁设置要求

 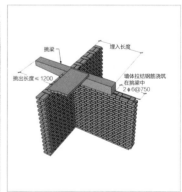

地圈梁不封闭　　　　　悬挑构件

6.二层外延墙体

二层外墙延伸的结构属于抗震不利结构，但在农房中较为常见，应特别注意并采取相关加强措施。

二层外墙延伸房屋震害

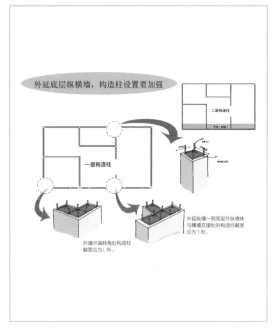

外延底层纵横墙，构造柱设置要加强

二层构造柱

一层构造柱

外延纵墙一侧底层外纵墙体与横墙交接处的构造柱截面应为T形。

外墙尽端转角处构造柱截面应为L形。

二层外墙延伸构造柱要求

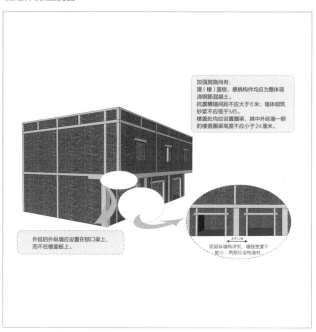

加强措施尚有：
屋（楼）盖板、悬挑构件均应为整体现浇钢筋混凝土。
抗震横墙间距不应大于6米；墙体砌筑砂浆不应低于M5。
楼盖处均应设置圈梁，其中外延墙一侧的楼盖圈梁高度不应小于24厘米。

外延的外纵墙应设置在锁口梁上，而不在楼盖板上。

底层纵墙有洞口或墙垛宽度不能减小，两侧应设构造柱

二层外墙延伸抗震加强措施

■ 地基与基础工程

◎ 地基工程

1.场地平整
土方开挖前应先做场地平整工作。

2.抄平放线
先测量定位，抄平放线，定出开挖宽度，再按放线分块（段）分层挖土。

场地平整   抄平放线

3.设置测量控制网

控制网应该避开建筑物、构筑物、土方机械及运输线路,并有保护标志。

4.土方开挖

开挖基坑(槽)或管沟时,应合理确定开挖顺序、路线及开挖深度,分段分层均匀开挖。

土方开挖

5.基槽检验

基础按设计要求开挖至持力层,基槽开挖完成后,应进行验槽。有条件时,宜使用仪器检测地基承载力,确保达到承载力后,方可进行基础工程施工。

基槽检验

◎ 基础工程

1.基础材料

砌体结构房屋的墙体基础,应采用同一类型基础。不应采用蒸压灰砂砖和蒸压粉煤灰砖作为基础材料。

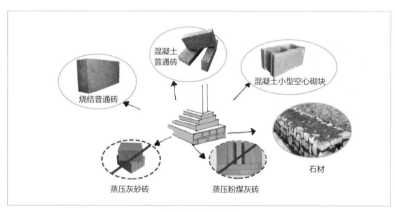

农房基础材料选择

2.砖基础施工

施工准备:

砖基础砌筑前,基底垫层表面应清扫干净,洒水湿润。

注意事项:

(1)砌筑时,灰缝砂浆要饱满,不应用冲浆法灌缝。

(2)砖基础的转角处和交接处应同时砌筑,当不能同时砌筑时,应留置斜槎。

(3)基础墙的防潮层,当设计无具体要求,建议用水泥砂浆加适量防水剂铺设。

3.石基础施工

施工准备:

毛石应选用坚实、未风化、无裂缝、洁净的石料,表面如有污泥、水锈,应用水冲洗干净。

注意事项:

(1)毛石铺放应均匀排列,使大面向下,小面向上,毛石间距一般不小于10cm,离开模板或槽壁距离不小于15cm。

(2)对于阶梯形基础,每一阶高内应整分浇筑层,并有二排毛石,每阶表面要基本抹平;对于锥形基础,应注意保持斜面坡度的正确与平整,毛石不露于混凝土表面。

砖基础构造及施工现场

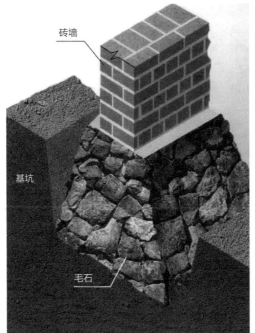

毛石基础

4.混凝土基础施工

施工准备：

基础施工前应进行验槽，如局部有软弱土层应挖除，并用灰土或砂砾分层回填夯实，如有地下水应排除，基槽（坑）内的浮土、积水、淤泥、杂物等应清除。

施工要点：

（1）垫层厚度一般为100mm，在验槽后应立即浇筑，以免地基上扰动。垫层达到一定强度后，在其上划线、支模铺放钢筋网片。

（2）在浇筑混凝土前，模板和钢筋上的垃圾、泥土和钢筋上的油污等杂物，应清除干净。模板应浇水加以润湿。

（3）浇筑柱下基础时，应特别注意柱子插筋位置的正确，防止造成位移和倾斜。

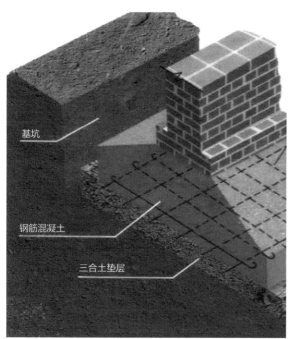

基坑

钢筋混凝土

三合土垫层

钢筋混凝土基础

■ 主体结构工程

◎ **砌体结构**

砌体结构施工主要包括墙体砌筑、构造柱施工、圈梁施工、过梁施工等分部分项工程。

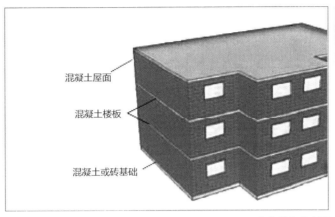

混凝土屋面
混凝土楼板
混凝土或砖基础

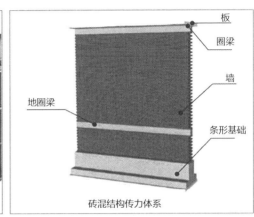

板
圈梁
墙
地圈梁
条形基础
砖混结构传力体系

砌体结构示意图

1. 砌体结构施工流程

砌体结构的具体施工流程见右图。

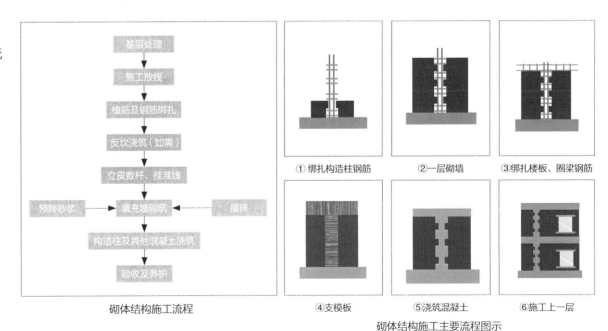

基层处理
施工放线
植筋及钢筋绑扎
反坎浇筑（如需）
立皮数杆、挂准线
预拌砂浆 → 填充墙砌筑 ← 摆样
构造柱及其他混凝土浇筑
验收及养护

砌体结构施工流程

①绑扎构造柱钢筋　②一层砌墙　③绑扎楼板、圈梁钢筋
④支模板　⑤浇筑混凝土　⑥施工上一层

砌体结构施工主要流程图示

2.墙体砌筑方法及质量检测

砖砌体常见砌筑方法如右图。

（1）抄平

为了使各段砖墙底面标高符合设计要求，砌墙前应在基面（基础防潮层或楼面）上定出各层标高，并采用水泥砂浆或细石混凝土找平。

（2）弹线

根据施工图纸要求，弹出墙身轴线、宽度线及预留洞口位置线。

（3）摆砖

在放线的基面上按选定的组砌方式用干砖试摆：一般在房屋外纵墙方向摆顺砖，在山墙方向摆丁砖；从一个大角摆到另一个大角，砖与砖之间留10mm缝隙。

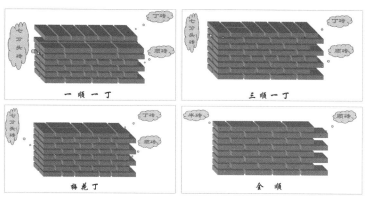

砌筑方法

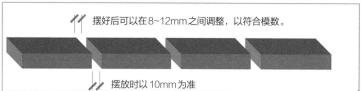

摆砖图示

（4）立皮数杆

立皮数杆是指在其上划有每皮砖和砖缝厚度，以及门窗洞口、过梁、楼板、梁底、预埋件等标高位置的一种木制标杆。主要作用是控制砌体竖向尺寸，同时可以保证砌体垂直度。具体方法：立于房屋的四大角、内外墙交接处、楼梯间以及洞口多的地方，约每隔10~15m立一根。

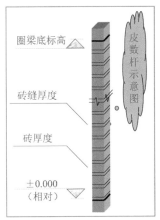

立皮数杆图示

（5）盘角挂线

先拉通线，按所排的干砖位置把第一皮砖砌好，然后在要求位置安装皮数杆，并按皮数杆标注，开始盘角，盘角时每次不得超过六皮砖高，并按"三皮一吊，五皮一靠"的原则随时检查，把砌筑误差消除在操作过程中。

每次盘角以后，可在头角上挂准线，再按照准线砌中间的墙身；小于240mm厚的墙可以单面挂线，大于370mm厚的墙应双面挂线。

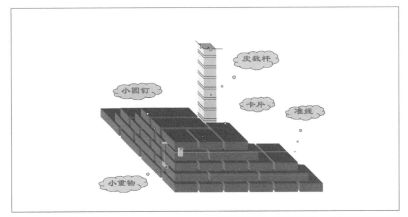

盘角挂线图示

（6）砌筑

砌筑前应将最上一皮砖的竖缝用砂浆灌满、刮平，并清除多余灰浆。在墙身砌到一定高度后，应根据基准面标高，用水准仪（也可用连通器）在高出室内地坪标一定高度（一般200~500mm）处弹出水平标志线，以控制墙体细部标高及指导楼（地）面、圈梁等施工。

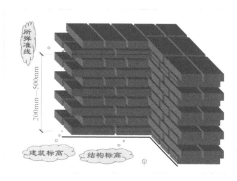

砌筑图示

（7）勾缝

勾缝前应清除墙面上粘结的砂浆、灰尘、污物等，并洒水湿润。瞎缝应予开凿，缺楞掉角的砖应用与墙面相同颜色的砂浆修补平整，脚手眼应用与原墙相同的砖补砌严密。缝深建议为4~5mm，横平竖直，深浅一致，搭接平整，不应有瞎缝、丢缝、裂缝和粘结不牢现象。

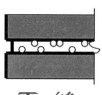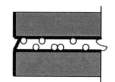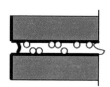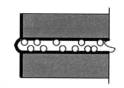

平缝　　　斜缝　　　凹缝　　　凸缝

勾缝图示

（8）砂浆饱满度检查

用百格网检查砖底面与砂浆的粘结痕迹面积，每处掀3块砖检查，取其平均值。每步架抽查不少于3处。水平灰缝的砂浆饱满度不小于80%。

| 百格网 | 掀开砖，剔除砂浆，底面朝上 | 百格网与砖缘对齐，数没有砂浆的空格，允许割补 |

砂浆饱满度检查图示

砂浆饱满度

（9）垂直度检查

将线垂挂在靠尺上端小缝内，靠尺的一侧垂直靠在被检查的墙上，尺面略向前倾，使线与尺面分离而能自由摆动，线垂静止后读数。要求偏差不大于5mm。

（10）墙面平整度检查

先将靠尺的一侧紧贴墙面，尺身处于倾斜位置，将楔形尺的薄端塞入靠尺与墙面的最大空隙处，读出楔形尺上的厘米数，即为墙面平整度误差的毫米数。要求混水墙不大于8mm，清水墙不大于5mm。

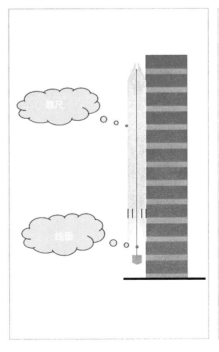

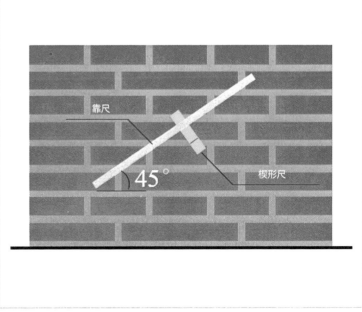

墙面平整度检查图示

（11）水平灰缝平直度检查

找一处长度大于10m的墙面，用白线拉在任意一层砖的上缘，用钢尺量其白线与砖缘的最大误差处，即为水平灰缝的偏差。要求混水墙不大于10mm，清水墙不大于7mm。

（12）游丁走缝检查

将靠尺平贴墙面，尺的一侧先对齐某条竖缝，移动靠尺下端使线垂与中心线重合，用钢尺量其2m竖缝内的最大偏差处，即为游丁走缝的偏差。要求清水墙不大于20mm。

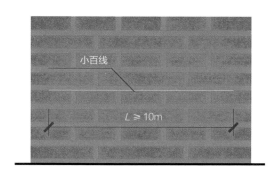

水平灰缝平直度检查图示

游丁走缝检查图示

3.构造柱施工

（1）清理清扫楼地面，找出主体结构施工时所标注的轴线和控制线，弹出墙体边线、辅助控制线和构造柱定位线。

（2）根据构造柱定位线调整好立筋位置，如立筋偏移量较大可采取化学植筋，植筋满足现行国家标准要求。

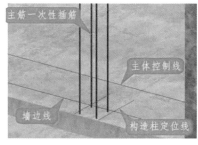

构造柱定位

绑扎构造柱钢筋

（3）按设计规范要求留设马牙槎和拉结筋，马牙槎应先退后进，出槎60mm，每道马牙槎高度一般不超过300mm。

（4）清理砌筑时散落在柱脚和积灰台的灰浆，在柱与墙交接处粘贴海绵胶条。

设置马牙槎

粘贴海绵胶条

（5）模板至少八成新，无脱皮、散边。支模前清理模板面并涂刷隔离剂。采用对拉螺杆固定，对拉松紧合适，不应在墙上留洞或穿孔。

（6）浇筑前需湿润模板和柱边砌体，浇筑时采用小型电动振捣器分层（300mm）振捣，不应采用其他简易振捣方式代替。

设置模板

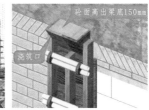
浇筑混凝土

（7）严格控制松模和拆模时间，避免松模、拆模过早损坏构造柱表面，致使柱麻面，应在浇筑2d后拆模，期间带模养护。

（8）以粗骨料不松动（浇筑后3~5d）后凿除浇筑斜口，凿除后用手持磨光机磨平；海绵胶条用灰铲干净清除。

脱模

磨平成型

4. 圈梁施工

圈梁施工包括制作胎膜、基层清理、钢筋加工绑扎、安装模板、浇筑混凝土、拆除模板、养护等工序。

（1）钢筋加工绑扎

①钢筋除锈：钢筋在使用前如果有浮皮、铁锈和油污，应人工使用钢丝刷等清除。

②钢筋调直：对于成盘的钢筋或发生弯曲的钢筋应调直后方可使用。钢筋调直一般采用钢筋调直机或卷扬机拉伸调直等机械调直。

③钢筋切断：钢筋切断应采用常温切断，不得用加热切断。断口不得有劈裂、缩头或弯头现象。

（2）安装模板

在砌体上弹出水平线，根据墨线安装模板、支撑。模板制作高度应根据圈梁高及楼板模板来确定。圈梁模板与墙体接触处用水泥砂浆嵌塞密实。

（3）混凝土浇筑

混凝土振捣要遵循"快插慢拔"的原则，防止漏振和过振。振动棒不得触碰钢筋，除上面振捣外，下面要有人随时敲打模板。

5. 过梁施工

过梁可以分为很多种类，农村建房常见的有钢筋混凝土过梁、钢筋砖过梁、砖拱过梁。

当过梁的跨度不大于1.5m时，建议采用钢筋砖过梁；不大于1.2m时，建议采用砖砌平拱过梁；对有较大震动荷载或可能产生不均匀沉降的房屋，应采用混凝土过梁；宽度超过300mm的洞口上部，应设钢筋混凝土过梁。

（1）钢筋混凝土过梁：用钢筋混凝土为原材料砌成的过梁。因为钢筋混凝土本身比较坚固，承重能力强，具有较好的抗震性能和沉降性，农村建房广泛使用。混凝土过梁分为现浇过梁和预制过梁。

圈梁模板　　　　　　　　　　　　　　钢筋混凝土过梁

（2）钢筋砖过梁：在砌砖墙的过程中，砖过梁的砖缝中加钢筋。一般采用直径6~8mm的钢筋两至三根。这种做法优点是施工简易，效率高，但是不能承受较大荷载和震动。

钢筋砖过梁

（3）砖拱过梁是指用标准砖砌成的过梁。在门窗洞口宽度小于1m时使用，因为砖砌体承重有限，适合矮房和低楼层房屋。

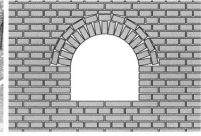

砖拱过梁

◎ **框架结构**

框架结构梁、柱、板混凝土构件作为房屋骨架受力，墙体只是围护填充作用。

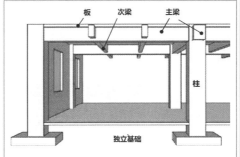

框架结构示意图

框架结构的施工流程如下：

1. 材料准备

根据工程建设要求，确定材料需用规格、数量、性能、质量要求以及到场时间等事项，科学安排材料有序进场，并由专人负责对材料进行质检验收。

2. 现场准备

在施工现场铺设临时施工用道，用于机械设备通行和材料运输，对软土道路进行硬化处理，同时在道路两侧设置排水设施，以免积水影响施工进行。

3. 钢筋工程

（1）工程中使用的所有钢筋均须具备出厂质量证明，钢筋到场后，应由专人负责对其进行质检，核对无误后方可入场，钢筋进场后，要进行抽样试验，合格后方可在施工中使用。

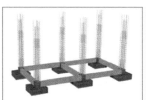
① 绑扎柱子钢筋

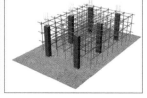
② 柱模板

③ 搭设梁板模板

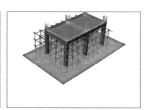
④ 绑扎梁板钢筋

⑤ 浇筑混凝土

⑥ 混凝土养护

⑦ 上一层施工

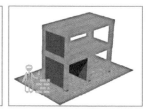
⑧ 填充墙砌筑

框架结构施工主要流程图示

| 钢筋牌号：HRB400E | 生产企业：昆钢 | 直径：25mm |

| 钢筋牌号：HRB335 | 生产企业：STG | 直径：12mm |

钢筋牌号

（2）在对钢筋进行加工前，需要先处理钢筋表面的污物和锈蚀，为了避免钢筋材料浪费，加工时尽可能避免随意将整根钢筋截断，可采用机械冷弯的方法弯曲钢筋，严禁用气焊烘烤钢筋；加工好的钢筋，应堆放在指定地点，并挂好标识以免误用。

（3）墙、柱、梁钢筋骨架中各垂直面钢筋网交叉点应全部扎牢。

4.模板工程

（1）在设计模板时，除了要满足刚度和强度的要求之外，还要遵循均匀、对称的原则，模板的加工、制作、安装须严格按照现行国家标准要求进行。

（2）拆模必须在主管技术人员批准的前提下进行，且拆模过程中，混凝土要达到足够的强度，拆模时要格外小心，以免造成混凝土棱角损坏。拆除的顺序和方法应按模板的设计规定进行。当设计无规定时，可采取先支的后拆、后支的先拆、先拆非承重模板、后拆承重模板，并应从上而下进行拆除。拆下的模板不得抛扔。

节点钢筋

支模

模板拆除

5.混凝土工程

（1）混凝土应充分振捣，振捣按照"垂直插入、快插慢拔、三不靠（钢筋、模板、预埋件）"的原则进行。混凝土的浇捣应在混凝土初凝前完成。

（2）混凝土应充分养护。梁板混凝土养护时间不应少于7d；柱墙宜带模或包裹养护，养护时间不宜少于3d，养护次数每半天不少于两次。在梁板模板支撑未拆除情况下，3d内禁止上载，板面上不得集中堆载。

（3）严禁踩踏板面负筋（马凳布设间距不应大于1m），必要时加密马凳间距或增设马道。

（4）应设置垫块或垫片保证保护层厚度。

6.质量控制

框架结构在施工过程中如未按照规定的流程、工法进行，会出现相应的质量问题，如混凝土强度不足、楼面板平整度差、钢筋偏位、墙体渗水等，具体防治措施详见本篇附表2。

混凝土振捣

负筋做法

垫块

■ 屋面工程

◎ **现浇坡屋面施工**

坡屋顶由混凝土结构层、防水层、保温隔热层、屋面瓦四层组成。

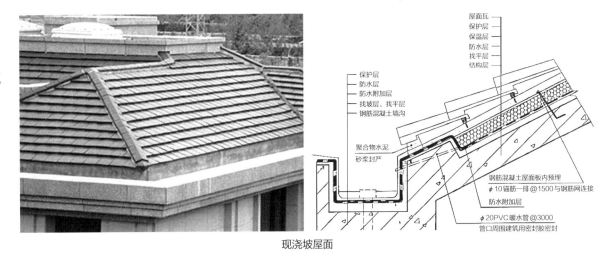

现浇坡屋面

1.支模

支模的步骤包括满堂架搭设、铺梁底、立侧模、铺斜面板、加固。

支模

2.绑扎屋面钢筋

屋面钢筋应双向双层设置,在屋脊需要设置拉结筋。

绑扎屋面钢筋

3.现浇混凝土

由于屋面混凝土坍落度小,和易性差,在屋面板施工时由下往上卸料、拍实,直至屋脊。上抹同混凝土强度的砂浆进行找平,保证混凝土面层的观感质量。斜面交接处及屋脊部位做成圆弧。

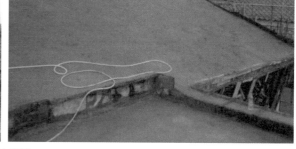

混凝土浇筑

4.防水层施工

坡屋顶现浇养护完成后,抹灰找平斜面,再进行防水层施工。做防水时,天沟、落水管连接口、泛水等位置要重点处理。铺贴防水卷材时,应先铺贴斜天沟等位置。

防水卷材铺贴

5.钉装顺瓦条

防水层施工完成后，沿坡屋面斜面等间距钉装顺瓦条。

6.保温隔热层施工

顺瓦条钉装完成后开始做坡屋顶保温隔热层，保温隔热层由两层组成。首先铺装保温材料，沿顺瓦条铺装过去，最后将缝隙填充充实。保温材料铺装完成后再在上面钉装一层铝箔复合隔热膜。

7.安装挂条瓦

保温隔热层做好后，钉装横向挂瓦条，根据瓦片大小、斜面长度、瓦片搭接长度要求等计算出一列需要挂瓦片数和瓦条间距，然后等间距钉装挂瓦条。

8.铺设排水沟

斜天沟排水量大，为了更好的排水，避免雨水溢漏到保温层上面，斜天沟可以先铺设一层铝制排水沟。

9.铺瓦

铺瓦由下至上施工，最下面的瓦需要安装防风扣。如果是平瓦，搭接缝应上下错开。

钉装顺瓦条

保温板、隔热膜铺装

安装挂条瓦　　　　　　　铺设排水沟

铺瓦

◎ **现浇平屋面施工**

平屋面主要包括结构层、找坡层、找平层、防水层、保温层、隔离层、保护层等。

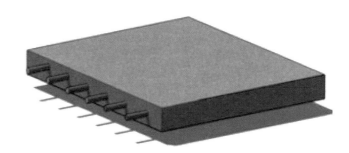

结构层

1.结构层

浇筑混凝土楼板、养护成型。

2.找坡层

做找坡前应进行表面的灰尘、杂物清理，找坡2%~3%，最薄处建议30mm厚。

3.找平层

水泥砂浆找平应不小于20mm厚。

找坡层

4.防水层

防水层主要有涂膜防水或卷材防水。

（1）基层表面清理、修整。

（2）涂刷基层处理剂：基层处理采用冷底子油或防水涂料稀释后均匀涂刷在找平层上，完全覆盖待基层处理剂干燥后再涂刷防水涂料。

（3）一般涂刷4遍或以上，且待先涂的干燥后再涂下一遍，每次涂刷的方向应和上次垂直，要求涂刷均匀表面平整。总厚度不小于3mm。

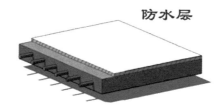

防水层

涂膜防水

卷材防水施工步骤:

（1）基层表面清理、修整基层处理可采用改性沥青胶粘剂加入工业汽油稀释。搅拌均匀，用长把滚刷均匀涂在找平层上，常温4h干燥后，再开始铺卷材。

（2）卷材厚度大于4mm，长短边卷材搭接长度不小于8cm，在女儿墙处基层做圆角圆弧半径不小于5cm，卷材上翻高度不小于25cm。

（3）卷材由屋面最低标高向上铺贴。卷材宜平行屋脊铺，上下卷材不得相互垂直铺贴。

5.保温层

屋面保温层通常采用挤塑聚苯板。

6.隔离层

满铺塑料薄膜一层。

7.保护层

细石混凝土应铺设40~50mm厚。

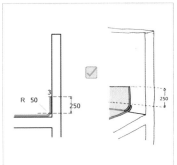 

卷材防水

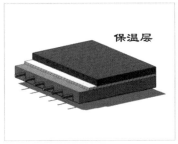 

保温层

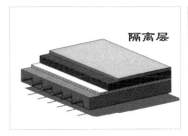 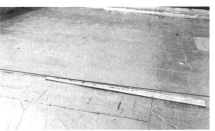

隔离层

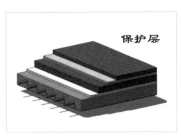 

保护层

■ 外墙保温和防水

◎ 外墙保温

1.外墙保温材料

目前常用的墙体保温材料可以分为有机类、无机类和复合材料类三类。

（1）岩棉板

以天然岩石为主要原材料，同时经过高温熔融制成的一种矿物质纤维保温板材，它的应用很广泛，但存在强度低、易收缩、吸水率高、开裂等问题。

（2）挤塑聚苯板（XPS板）

以聚苯乙烯树脂以及其他的添加剂通过挤压而制得的具有均匀表层及闭孔式蜂窝结构的硬质板材；其抗压性能好、刚度大、导热系数低；但透气性能差，尺寸稳定性不足。

（3）膨胀聚苯板（EPS板）

目前应用最广泛的一种保温材料，主要由发泡后的有挥发性的聚苯乙烯珠粒在模具中加热成型的具有闭孔结构的一种固体板材；但防火性能差，且自身强度不高、承重能力也较低。

岩棉板

挤塑聚苯板

膨胀聚苯板

2.外墙保温施工

外墙保温主要有外保温和内保温两种形式。

外墙外保温的主要施工步骤如下图。

◎ 外墙防水

1.外墙防水的砌筑要求

砌筑时避免外墙墙体闪缝透光，砂浆灰缝应均匀，墙体与梁柱交接面应清理干净垃圾余浆，砖砌体应湿润，砌筑墙体不可一次到顶，应分二至三次砌完，以防砂浆收缩，使外墙墙体充分沉实，另注意墙体平整度检测，以防下道工序批灰过厚或过薄。

2.防水找平层施工

找平层抹灰时应注意事项：

（1）砂浆应严格按配比进行，严格计量，控制水灰比，不应在施工过程中随意掺水。

（2）对抹灰砂浆应分层抹灰，尤其是高层建筑，局部外墙抹灰较厚，需要进行分层抹灰，每层抹灰厚度不应超过2cm，如厚度过大，在分层处应设钢丝网。

（3）抹灰砂浆建议用聚合物防水砂浆。

外墙外保温：
基层墙体
胶粘剂
EPS保温板
抹面砂浆
耐碱玻纤网格布
抹面胶浆
弹性腻子
涂料饰面层

外墙内保温：
1 基层墙体
2 找平层砂浆
3 粘结砂浆
4 XPS板
5 机械固定件
6 抹面砂浆（嵌入网格布）
7 涂料/彩色砂浆/瓷砖饰面层

外墙外保温施工步骤：
墙体基层的自检与验收
配制专用胶粘剂
粘贴翻包网格布
粘贴翻包网格布
粘贴保温板
开分格槽
胶浆补平钉阳
安装固定件
板面打磨平整
板面打磨平整
安装分格条
安装分格条
铺贴网格布
检查阴阳角
抹面层砂浆

砌筑外墙防水

■ 门窗

◎ 门窗构造

1.铝合金门窗构造

铝合金门窗，是指采用铝合金挤压型材为框、梃、扇料制作的门窗，简称铝门窗。铝合金门窗包括以铝合金作受力杆件（承受并传递自重和荷载的杆件）基材的和木材、塑料复合的门窗，简称铝木复合门窗、铝塑复合门窗。

铝合金门窗的优势是采用金属材质，装饰效果品质高，耐久性佳，断面纤细，框玻比比较小，采光面积大。

2.塑钢门窗构造

塑钢门窗是以聚氯乙烯(UPVC)树脂为主要原料，加上一定比例的稳定剂、着色剂、填充剂、紫外线吸收剂等，经挤出成型材，然后通过切割、焊接或螺接的方式制成门窗框扇。配装上密封胶条、毛条、五金件等，同时为增强型材的刚性，超过一定长度的型材空腔内需要填加钢衬（加强筋），这样制成的门窗，称之为塑钢门窗。

塑钢门窗的优势是保温隔声隔热效果好，是节能门窗的代表。由于是塑料材质，耐久性不及金属，且断面尺寸非常宽大，对立面效果影响较大，尤其是当窗户设计的很小时，玻璃面积小，不利于采光。

铝合金门窗构造

◎ 施工流程

1.连接墙体和窗框

墙体和窗框的连接主要分为连接件法和直接固定法两种，其中连接件法经济实惠，而直接固定法则是将窗利用自攻螺钉直接固定在墙体处。

2.连接位置确定和缝隙处理

综合考虑墙壁和窗扇之间的作用力来决定连接点的位置以及数量，需要保证窗体在长期的使用过程中不易变形，能够承受温差与风压。同时，由于塑料的膨胀系数较大，所以在窗框与墙体之间应该留出一定宽度的缝隙，保证材料热胀冷缩时的安全。

3.安装五金配件

在安装时，应先在杆件上打好孔，然后用自攻螺丝拧入，不应在杆件上直接捶打，避免对材料造成损伤。

塑钢门窗构造

窗框安装　　　　　　接缝处理

五金安装

■ 装修装饰工程

◎ **前期测量**

　测量的内容主要包括：

　（1）明确装修过程涉及的面积。特别是贴砖面积、墙面漆面积、壁纸面积、地板面积。

　（2）明确主要墙面尺寸。特别是以后需要设计摆放家具的墙面尺寸。

房屋尺寸测量

◎ **主体拆改**

　主体拆改主要包括拆墙、砌墙、铲墙皮、拆暖气、换塑钢窗等。但不应拆除承重结构构件。

主体拆改

◎ 吊顶

吊顶可采用传统的石膏板吊顶或装配化吊顶。传统石膏板吊顶施工复杂难度大，一般一户人家一个石膏板吊顶约5~7d时间。而装配化吊顶施工流程简单，一般一户人家的吊顶只需1d时间一人就可完工。

石膏板吊顶　　　　　　　　　　　　装配化吊顶

◎ 墙面

墙面可采用墙纸、墙布、乳胶漆进行装饰处理。也可采用装配化的面板进行墙面装饰，其具有施工速度快、现场污染小等优势。

装配式墙面　　　　乳胶漆　　　　墙纸　　　　墙布

◎ 地面

地面可采用瓷砖或地板，有条件的地区可敷设地暖。

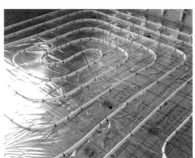

铺贴瓷砖　　　　　安装地板　　　　　敷设地暖

■ 水电安装

◎ 给水排水

1.水管材料

给水排水管建议优先选择塑料管，其中给水管应选用 PPR 管，排水管应选用 UPVC 管。

2.管线排布

排水管的布置距离应最短，管道转弯应最少，排水通畅，管线简单。排水工程应安装方便，易于维护管理，占地面积小、美观，同时兼顾给水管道、供热管路、电力照明线路、通信线路及电缆等的布置和敷设要求。

◎ 电气安装

1.导线选择

（1）农房导线截面积应根据家庭最终负荷来选择，宜考虑用电设备增加（特别是采用电取暖方式）。

（2）导线应采用铜芯绝缘线，每套进户线截面不应小于 10mm²，插座、空调器回路的导线截面积应不小于 4mm²（铜线），照明回路主线截面积应不小于 2.5mm²（铜线），如采用铝导线，其截面积则应相应提高一个等级。

（3）导线应按规定相色选线，以便接线时区分相线、中性线、接地线。

2.布线

（1）室内布线宜采用预埋 PVC 管暗敷，也可采用塑料槽板或护套线明敷。

（2）不应采取墙上剔槽将导线直接埋入墙中的做法。

3.灯具插座

（1）灯具在安装时，灯具导线不应承受灯具自重。

（2）厨房和卫生间应选用瓷质防水灯座。

（3）安装在 1.80m 及以下的插座宜采用安全型插座。

水管排布

导线类型

■ 施工安全

◎ 安全"三宝"

安全"三宝"是指：安全帽、安全带、安全网。

1.凡进入施工现场人员，必须正确佩戴安全帽。佩戴者在使用时一定要将安全帽戴正、戴牢，不能晃动，要系紧下颚带，调节好后箍以防安全帽脱落。

2.凡在2m及以上高处作业人员，宜系好安全带。使用时应高挂低用，不准将绳打结使用。

3.安全网的规格、材质必须符合国家标准。对使用中的安全网，应及时清理网中落下的杂物污染，当受到较大冲击时，应及时更换。

安全帽

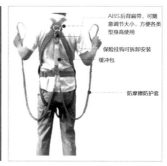
安全带

安全网

安全"三宝"

◎ 临边防护

1.楼层边、楼梯边、屋面边防护栏杆应为两道横杆形式，上杆距地面高度应为1.2m，下杆距地面高度应为0.6m，下部宜设不小于180mm高挡脚板，防护栏杆立杆间距不应大于2m。

2.对于窗台、竖向洞口高度低于1m的临边，可采用单横杆进行防护，栏杆离地1.2m。

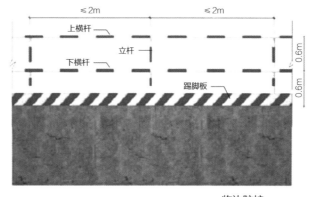

临边防护

◎ 洞口防护

1.洞口短边尺寸不大于1.5m时，根据洞口尺寸大小，锯出相当长度木枋卡固在洞口，然后将硬质盖板用铁钉钉在木枋上，作为硬质防护。

2.洞口短边尺寸大于1.5m时，洞口四周搭设防护栏杆，采用两道横杆形式，上杆距地面高度应为1.2m，下杆距地面高度应为0.6m，下部宜设不小于180mm高挡脚板，防护栏杆立杆间距不应大于2m，并张挂水平安全网。防护栏杆距离洞口边不得小于200mm。

◎ 起重安全

1.卷扬机、电动葫芦

（1）新安装或经拆检后安装的卷扬机、电动（手动）葫芦，首先应进行空车试运转3次。卷扬机钢丝绳卷绕安全圈数应不少于3圈。

（2）卷扬机周边宜使用防护设施进行隔离。

（3）卷扬机应有制动器、限位、防跳绳装置，皮带或开式齿轮传动部分均应设防护罩。卷扬机制动操纵杆在最大操纵范围内不得触及地面或其他障碍物。电动葫芦应设有上极限限位器、下极限限位器、超载限制器等装置。手动葫芦应配有过载保护装置、限位装置。

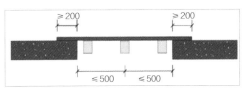

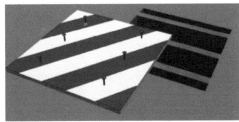

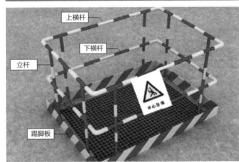

短边尺寸大于1.5m洞口防护措施

卷扬机

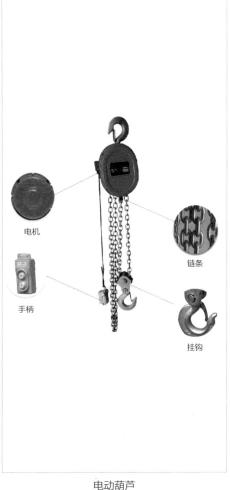

电动葫芦

2. 钢丝绳吊索

（1）吊索编插长度不应小于钢丝绳直径的20倍，且不应小于300mm，吊索与所吊构件的水平夹角不宜小于45°，且不宜大于60°。

（2）绳卡压板应在钢丝绳长头一边。绳卡间距不应小于钢丝绳直径的6倍。

（3）吊索应定期检查，对达到报废标准的吊索应及时报废。

3. 吊带

（1）吊带应根据其颜色对应的承载能力而选用。

（2）禁止使用没有防护套的吊带承载有尖角、棱边的货物，禁止将吊带放在明火或其他热源附近。

钢丝绳直径及匹配的绳卡数量　　　　　　　　　　　　　　　　表1

钢丝绳直径（mm）	< 18	18~26	26~36	36~44
绳卡的数量（个）	3	4	5	6

不同颜色吊带的最大吊重　　　　　　　　　　　　　　　　表2

吊带颜色	紫色	绿色	黄色	银灰色	红色	蓝色	橘黄色
最大吊重	1000kg	2000kg	3000kg	4000kg	5000kg	8000kg	10000kg

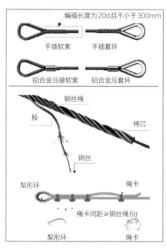

钢丝绳吊索

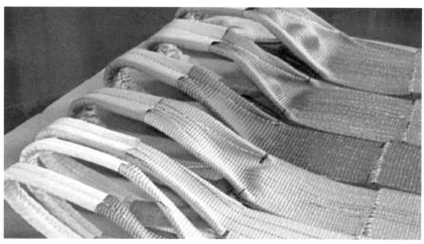

吊带

4.起重"十不吊"

当遇到特殊情况时不应进行起重作业,具体可总结为以下十点,简称起重"十不吊"。

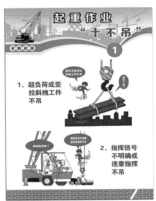

起重"十不吊"

◎ 用电安全

1.在建工程(含脚手架)的周边与外电架空线路的边线之间的最小安全距离应符合规范要求,当安全距离达不到规范要求时应采取绝缘隔离防护措施。

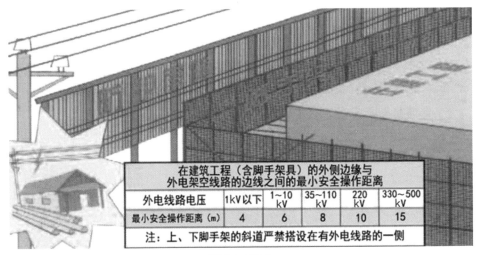

用电安全距离

2.施工现场专用的电源中性点直接接地的低压配电系统应采用TN-S接零保护系统。保护零线上严禁装设开关或熔断器，严禁通过工作电流，且严禁断线。在同一电网中，不允许一部分用电设备采用保护接零，而另一部分用电设备采用保护接地。

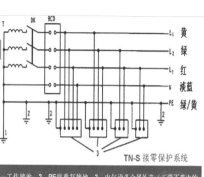

TN-S接零保护系统

3.施工现场使用的电缆线应绝缘良好，不得随意拖地、泡水，过道应架空或埋地套管保护，以避免机械损伤。

配电箱内电器设备　　　　　　　　电缆

4.配电箱、开关箱应装设端正、牢固，安装高度距离地面宜为1.4~1.6m。移动式配电箱、开关箱应装设在坚固、稳定的支架上。

5.配电箱内的电器必须可靠完好，严禁使用破损、不合格的电器。

◎ **消防安全**

1.施工现场宜设置灭火器、适量的消防储备用水（消防沙池）等临时消防设施。

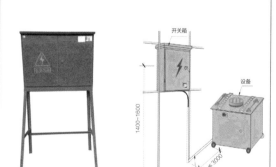

配电箱、开关箱　　　　　　　　消防设施

2. 施工现场灭火器材的配备应符合下列规定：

（1）作业层每100m²宜配备2个灭火器；

（2）临时木工厂、油漆间、配电室等防火部位，应配备1个种类合适的灭火器；

（3）电气焊等动火作业处应单独设置灭火器。

3. 其他消防安全注意事项：

（1）消防疏散通道应保持畅通，不可堆放材料、建筑垃圾等；

（2）作业现场严禁吸烟。在施工区域内禁止办公、住宿及烹饪做饭；

（3）现场临时用电严禁乱拉乱接和违规使用大功率电器。

◎ 拆除安全

1. 在拆除前，应查明建筑物的结构和材料特点。作业前要划定危险区域，设置警戒人员和标志，禁止无关人员入内。禁止立体交叉作业，防止相邻部位坍塌伤人。

2. 了解拆除对象，掌握拆除房屋的结构以及煤气、水电等管路的分布和关闭情况。拆除整体框架式钢筋混凝土建筑物，要注意钢筋特别是主筋种类、位置与数目，以便正确地确定隔离缝。

3. 操作时，一定要戴好安全帽，高处作业要系好安全带，时刻注意站立面、位置是否安全可靠。

4. 拆除作业一般应自上而下按顺序进行，先拆除非承重结构，再拆除承重结构，栏杆、楼梯和楼板拆除应与同层整体拆除进度相配合。

5. 作业人员应站在脚手架或其他稳固的结构部位上操作，不准在建筑物的屋面、楼板、平台上有聚集人群或集中堆放材料。拆除物禁止向下抛掷，拆卸下的各种材料应及时清理，分别堆放在指定的场所。

6. 一旦遇有风力在六级以上、大雾、雷暴雨、冰雪等影响作业安全的恶劣天气，应该禁止进行露天拆除作业。

灭火器

■ 修缮维护

◎ 房屋修缮

房屋修缮是针对比较老旧的建筑进行某些使用功能的完善或者更新，比如装饰、防水、电气等。

1.水电工程，包含所有水路电路气路的安装铺设。

2.泥工部分，包含客厅、卫生间、厨房、阳台墙砖地砖的铺设，卧室地面的找平处理，卫生间回填及厨卫防水，厨卫包管。

3.墙面及顶面油漆工程，包含墙面顶面刮灰找平打磨，粉刷乳胶漆。

4.安装部分，包含灯具安装、开关插座安装、普通洁具安装、五金件安装。

5.对现场门窗、成品的保护，日常清洁、现场垃圾清理、临时设施、基础材料的转运搬运。

6.一般来说房屋漏水常见的问题分别是屋面漏水、卫生间漏水、窗户漏水三种情况。

（1）屋面漏水：通常是屋面的防水层破坏引起的，一般表现为缝隙裂开。如果是小面积缝隙漏水，可以采用水性防水涂料涂刷，防水涂料会渗入裂缝缝隙里面。如果是大面积漏水就需要把原有的防水层铲掉，可以采用大面积铺防水卷材处理好漏水。

屋面漏水

（2）卫生间漏水：通常有卫生间防水层破坏、卫生间暗水管损坏、卫生间卫浴品损坏等三种情况。

漏水维修方案需根据实际情况来定。卫生间防水层破坏损坏引起的漏水问题最为复杂，通常采用的防水补漏方案是敲掉卫生间瓷砖重新做防水层。

（3）窗户漏水：主要出现在雨季，多半是年久的窗户出现变形，或是窗户与墙面粘结不严出现的漏雨。

轻微的窗户漏水，可以采用打胶的方法进行处理。如果是窗户变形大，或引起了墙面损坏，建议更换新窗户，损坏的墙面做翻新修补处理。

◎ **房屋加固**

1.墙体的加固：墙体分为承重墙和非承重墙，一般情况下都是对承重墙进行加固。加固方法有钢筋拉固、附墙加固等。

2.楼房和房屋顶盖的加固：一般情况下采用水泥砂浆重新填实、配筋加厚的加固方法。

3.建筑物突出部位的加固：建筑物突出部位包括烟囱、出屋顶的水箱间以及楼梯间等部位，常用的加固方法是设置竖向拉条，把不需要的附属物拆除。

4.在原房屋基础上加层：如果要在原房屋基础上加层，就一定要加固原有的承重结构，可以通过植入钢筋或者增加新的承重构件等方法来进行加固。

5.房屋室内装修改变某些承重构件：在房屋室内装修改变某些承重构件中，对墙改梁和承重柱的处理是很常见的，常用的加固方法有外包钢加固、碳纤维加固、粘钢加固、预应力加固等。

卫生间漏水

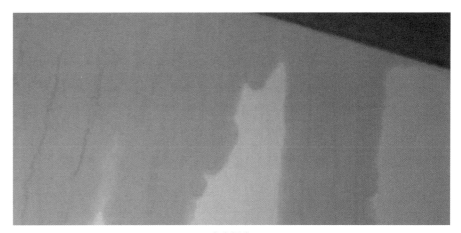

窗户漏水

■ 附表

江苏省抗震设防烈度　　　　　　　　　　　　　　　　　附表1

行政区划名称	峰值加速度g	反应谱特征周期/s	行政区划名称	峰值加速度g	反应谱特征周期/s	行政区划名称	峰值加速度g	反应谱特征周期/s	行政区划名称	峰值加速度g	反应谱特征周期/s
南京市（82街道，18镇）			莫愁湖街道	0.10	0.35	燕子矶街道	0.10	0.35	马鞍街道	0.10	0.40
玄武区（7街道）			鼓楼区（13街道）			仙林街道	0.10	0.35	龙袍街道	0.10	0.40
梅园新村街道	0.10	0.35	宁海路街道	0.10	0.35	龙潭街道	0.10	0.35	冶山镇	0.10	0.40
新街口街道	0.10	0.35	华侨路街道	0.10	0.35	栖霞街道	0.10	0.35	竹镇镇	0.05	0.40
玄武门街道	0.10	0.35	湖南路街道	0.10	0.35	八卦洲街道	0.10	0.35	葛塘街道	0.10	0.40
锁金村街道	0.10	0.35	中央门街道	0.10	0.35	西岗街道	0.10	0.35	长芦街道	0.10	0.40
红山街道	0.10	0.35	挹江门街道	0.10	0.35	雨花台区（6街道）			大厂街道	0.10	0.40
孝陵卫街道	0.10	0.35	江东街道	0.10	0.35	赛虹桥街道	0.10	0.35	高淳区（8镇）		
玄武湖街道	0.10	0.35	凤凰街道	0.10	0.35	雨花街道	0.10	0.35	淳溪镇	0.05	0.35
秦淮区（12街道）			阅江楼街道	0.10	0.35	西善桥街道	0.10	0.35	阳江镇	0.05	0.35
秦虹街道	0.10	0.35	热河南路街道	0.10	0.35	板桥街道	0.10	0.35	砖墙镇	0.05	0.35
夫子庙街道	0.10	0.35	幕府山街道	0.10	0.35	铁心桥街道	0.10	0.35	古柏镇	0.05	0.35
双塘街道	0.10	0.35	建宁路街道	0.10	0.35	梅山街道	0.10	0.35	漆桥镇	0.10	0.35
中华门街道	0.10	0.35	宝塔桥街道	0.10	0.35	江宁区（10街道）			固城镇	0.10	0.35
红花街道	0.10	0.35	小市街道	0.10	0.35	东山街道	0.10	0.35	东坝镇	0.10	0.35
洪武路街道	0.10	0.35	浦口区（9街道）			禄口街道	0.10	0.35	桠溪镇	0.10	0.35
五老村街道	0.10	0.35	泰山街道	0.10	0.35	淳化街道	0.10	0.35	溧水区（8镇）		
大光路街道	0.10	0.35	顶山街道	0.10	0.35	麒麟街道	0.10	0.35	永阳镇	0.10	0.35
瑞金路街道	0.10	0.35	沿江街道	0.10	0.35	横溪街道	0.10	0.35	白马镇	0.10	0.35
月牙湖街道	0.10	0.35	江浦街道	0.10	0.35	江宁街道	0.10	0.35	东屏镇	0.10	0.35
光华路街道	0.10	0.35	桥林街道	0.10	0.35	谷里街道	0.10	0.35	石湫镇	0.10	0.35
朝天宫街道	0.10	0.35	汤泉街道	0.10	0.35	汤山街道	0.10	0.35	洪蓝镇	0.10	0.35
建邺区（6街道）			盘城街道	0.10	0.35	秣陵街道	0.10	0.35	晶桥镇	0.10	0.35
兴隆街道	0.10	0.35	星甸街道	0.10	0.35	湖熟街道	0.10	0.35	和凤镇	0.10	0.35
南苑街道	0.10	0.35	永宁街道	0.10	0.35	六合区（10街道，2镇）			柘塘镇	0.10	0.35
双闸街道	0.10	0.35	栖霞区（9街道）			龙池街道	0.10	0.40	无锡市（50街道，31镇）		
沙洲街道	0.10	0.35	尧化街道	0.10	0.35	雄州街道	0.10	0.40	崇安区（6街道）		
江心洲街道	0.10	0.35	马群街道	0.10	0.35	横梁街道	0.10	0.40	崇安寺街道	0.10	0.35
			迈皋桥街道	0.10	0.35	金牛湖街道	0.10	0.40	通江街道	0.10	0.35
						程桥街道	0.10	0.40			

行政区划名称	峰值加速度g	反应谱特征周期/s	行政区划名称	峰值加速度g	反应谱特征周期/s	行政区划名称	峰值加速度g	反应谱特征周期/s	行政区划名称	峰值加速度g	反应谱特征周期/s
广瑞路街道	0.10	0.35	玉祁街道	0.10	0.35	祝塘镇	0.05	0.35	云龙区（8街道）		
上马墩街道	0.10	0.35	洛社镇	0.10	0.35	宜兴市（4街道，14镇）			彭城街道	0.10	0.45
江海街道	0.10	0.35	阳山镇	0.10	0.35	新庄街道	0.10	0.35	子房街道	0.10	0.45
广益街道	0.10	0.35	滨湖区（13街道，1镇）			宜城街道	0.10	0.35	黄山街道	0.10	0.45
南长区（6街道）			河埒街道	0.10	0.35	屺亭街道	0.10	0.35	骆驼山街道	0.10	0.45
迎龙桥街道	0.10	0.35	荣巷街道	0.10	0.35	新街街道	0.10	0.35	大郭庄街道	0.10	0.45
南禅寺街道	0.10	0.35	蠡湖街道	0.10	0.35	张渚镇	0.05	0.35	翠屏山街道	0.10	0.45
清名桥街道	0.10	0.35	蠡园街道	0.10	0.35	西渚镇	0.10	0.35	潘塘街道	0.10	0.45
金星街道	0.10	0.35	华庄街道	0.10	0.35	太华镇	0.05	0.35	大龙湖街道	0.10	0.45
金匮街道	0.10	0.35	太湖街道	0.10	0.35	徐舍镇	0.10	0.35	贾汪区（6街道，5镇）		
扬名街道	0.10	0.35	雪浪街道	0.10	0.35	官林镇	0.10	0.35	大泉街道	0.10	0.45
北塘区（5街道）			马山街道	0.10	0.35	杨巷镇	0.10	0.35	老矿街道	0.10	0.45
北大街道	0.10	0.35	胡埭镇	0.10	0.35	新建镇	0.10	0.35	大吴街道	0.10	0.45
惠山街道	0.10	0.35	新安街道	0.10	0.35	和桥镇	0.10	0.35	潘安湖街道	0.10	0.45
山北街道	0.10	0.35	旺庄街道	0.10	0.35	高塍镇	0.10	0.35	青山泉镇	0.10	0.45
黄巷街道	0.10	0.35	硕放街道	0.10	0.35	万石镇	0.10	0.35	紫庄镇	0.10	0.45
五河街道	0.10	0.35	江溪街道	0.10	0.35	周铁镇	0.10	0.35	塔山镇	0.15	0.40
锡山区（6街道，4镇）			梅村街道	0.10	0.35	芳桥镇	0.10	0.35	汴塘镇	0.15	0.40
东亭街道	0.10	0.35	江阴市（5街道，10镇）			丁蜀镇	0.05	0.35	江庄镇	0.10	0.45
安镇街道	0.10	0.35	澄江街道	0.05	0.40	湖汶镇	0.05	0.35	大庙街道	0.10	0.45
东北塘街道	0.10	0.35	南闸街道	0.05	0.40	徐州市			大黄山街道	0.10	0.45
云林街道	0.10	0.35	云亭街道	0.05	0.40	（56街道，102镇）			泉山区（14街道）		
厚桥街道	0.10	0.35	城东街道	0.05	0.40	鼓楼区（9街道）			王陵街道	0.10	0.45
羊尖镇	0.05	0.35	临港街道	0.05	0.40	丰财街道	0.10	0.45	永安街道	0.10	0.45
鹅湖镇	0.10	0.35	璜土镇	0.10	0.35	环城街道	0.10	0.45	湖滨街道	0.10	0.45
锡北镇	0.05	0.35	月城镇	0.05	0.35	黄楼街道	0.10	0.45	段庄街道	0.10	0.45
东港镇	0.05	0.35	青阳镇	0.05	0.35	牌楼街道	0.10	0.45	翟山街道	0.10	0.45
鸿山街道	0.10	0.35	徐霞客镇	0.05	0.35	琵琶街道	0.10	0.45	奎山街道	0.10	0.45
惠山区（5街道，2镇）			华士镇	0.05	0.40	铜沛街道	0.10	0.45	和平街道	0.10	0.45
堰桥街道	0.10	0.35	周庄镇	0.05	0.40	九里街道	0.10	0.45	泰山街道	0.10	0.45
长安街道	0.10	0.35	新桥镇	0.05	0.35	金山桥街道	0.10	0.45	金山街道	0.10	0.45
钱桥街道	0.10	0.35	长泾镇	0.05	0.35	东环街道	0.10	0.45	七里沟街道	0.10	0.45
前洲街道	0.10	0.35	顾山镇	0.05	0.35				火花街道	0.10	0.45

行政区划名称	峰值加速度g	反应谱特征周期/s	行政区划名称	峰值加速度g	反应谱特征周期/s	行政区划名称	峰值加速度g	反应谱特征周期/s	行政区划名称	峰值加速度g	反应谱特征周期/s
苏山街道	0.10	0.45	丰县（14镇）			王集镇	0.15	0.40	邳州市（4街道，21镇）		
庞庄街道	0.10	0.45	凤城镇	0.05	0.40	双沟镇	0.10	0.40	运河街道	0.20	0.40
桃园街道	0.10	0.45	首羡镇	0.05	0.40	岚山镇	0.15	0.40	炮车街道	0.20	0.40
铜山区（11街道，18镇）			顺河镇	0.05	0.40	李集镇	0.15	0.40	戴圩街道	0.20	0.40
义安街道	0.10	0.45	常店镇	0.05	0.40	桃园镇	0.15	0.40	东湖街道	0.20	0.40
利国街道	0.10	0.45	欢口镇	0.05	0.40	官山镇	0.20	0.40	邳城镇	0.20	0.40
张集街道	0.10	0.45	师寨镇	0.05	0.40	高作镇	0.20	0.40	官湖镇	0.20	0.40
垞城街道	0.10	0.45	华山镇	0.05	0.40	沙集镇	0.20	0.40	四户镇	0.15	0.40
电厂街道	0.10	0.45	梁寨镇	0.10	0.45	凌城镇	0.20	0.40	宿羊山镇	0.15	0.40
张双楼街道	0.10	0.45	范楼镇	0.05	0.45	邱镇	0.20	0.40	八义集镇	0.15	0.40
三河尖街道	0.10	0.45	孙楼镇	0.10	0.40	古邳镇	0.20	0.40	土山镇	0.20	0.40
拾屯街道	0.10	0.45	宋楼镇	0.10	0.40	姚集镇	0.20	0.40	碾庄镇	0.15	0.40
铜山街道	0.10	0.45	大沙河镇	0.10	0.40	魏集镇	0.20	0.40	港上镇	0.20	0.40
三堡街道	0.10	0.45	王沟镇	0.10	0.40	梁集镇	0.20	0.40	邹庄镇	0.20	0.40
新区街道	0.10	0.45	赵庄镇	0.05	0.40	庆安镇	0.20	0.40	占城镇	0.15	0.40
何桥镇	0.05	0.45	沛县（15镇）			新沂市（4街道，13镇）			新河镇	0.20	0.40
黄集镇	0.10	0.45	沛城镇	0.10	0.40	新安街道	0.20	0.40	八路镇	0.20	0.40
马坡镇	0.10	0.45	龙固镇	0.10	0.40	北沟街道	0.20	0.40	铁富镇	0.20	0.40
郑集镇	0.10	0.45	杨屯镇	0.10	0.40	唐店街道	0.20	0.40	岔河镇	0.15	0.40
柳新镇	0.10	0.45	大屯镇	0.10	0.40	墨河街道	0.20	0.40	陈楼镇	0.20	0.40
刘集镇	0.10	0.45	胡寨镇	0.10	0.45	草桥镇	0.20	0.40	邢楼镇	0.15	0.40
大彭镇	0.10	0.45	魏庙镇	0.10	0.45	港头镇	0.20	0.40	戴庄镇	0.15	0.40
汉王镇	0.10	0.45	五段镇	0.10	0.45	合沟镇	0.20	0.40	车辐山镇	0.15	0.40
棠张镇	0.10	0.45	张庄镇	0.10	0.45	窑湾镇	0.20	0.40	燕子埠镇	0.15	0.40
张集镇	0.10	0.45	张寨镇	0.10	0.45	棋盘镇	0.20	0.40	赵墩镇	0.20	0.40
房村镇	0.10	0.40	敬安镇	0.05	0.45	马陵山镇	0.30	0.40	议堂镇	0.20	0.40
伊庄镇	0.15	0.40	河口镇	0.05	0.45	邵店镇	0.20	0.45	常州市（21街道，37镇）		
单集镇	0.15	0.40	栖山镇	0.05	0.45	高流镇	0.20	0.45			
徐庄镇	0.10	0.45	鹿楼镇	0.05	0.40	阿湖镇	0.20	0.45	天宁区（6街道）		
大许镇	0.15	0.40	朱寨镇	0.10	0.40	时集镇	0.20	0.45	天宁街道	0.10	0.35
茅村镇	0.10	0.45	安国镇	0.10	0.40	瓦窑镇	0.20	0.40	兰陵街道	0.10	0.35
柳泉镇	0.10	0.45	睢宁县（16镇）			双塘镇	0.20	0.40	茶山街道	0.10	0.35
利国镇	0.10	0.45	睢城镇	0.20	0.40	新店镇	0.30	0.40	雕庄街道	0.10	0.35

续表

行政区划名称	峰值加速度g	反应谱特征周期/s	行政区划名称	峰值加速度g	反应谱特征周期/s	行政区划名称	峰值加速度g	反应谱特征周期/s	行政区划名称	峰值加速度g	反应谱特征周期/s
红梅街道	0.10	0.35	郑陆镇	0.10	0.35	浒墅关镇	0.10	0.35	吴门桥街道	0.10	0.35
青龙街道	0.10	0.35	雪堰镇	0.10	0.35	东渚镇	0.10	0.35	葑门街道	0.10	0.35
钟楼区（7街道）			前黄镇	0.10	0.35	通安镇	0.10	0.35	双塔街道	0.10	0.35
五星街道	0.10	0.35	礼嘉镇	0.10	0.35	娄葑街道	0.10	0.35	友新街道	0.10	0.35
永红街道	0.10	0.35	邹区镇	0.10	0.35	斜塘街道	0.10	0.35	观前街道	0.10	0.35
北港街道	0.10	0.35	嘉泽镇	0.10	0.35	吴中区（8街道，7镇）			平江街道	0.10	0.35
西林街道	0.10	0.35	湟里镇	0.10	0.35	长桥街道	0.10	0.35	苏锦街道	0.10	0.35
南大街街道	0.10	0.35	奔牛镇	0.10	0.35	郭巷街道	0.10	0.35	娄门街道	0.10	0.35
荷花池街道	0.10	0.35	溧阳市（10镇）			横泾街道	0.10	0.35	桃花坞街道	0.10	0.35
新闸街道	0.10	0.35	溧城镇	0.10	0.35	越溪街道	0.10	0.35	城北街道	0.10	0.35
戚墅堰区（3街道）			埭头镇	0.10	0.35	城南街道	0.10	0.35	石路街道	0.10	0.35
戚墅堰街道	0.10	0.35	上黄镇	0.10	0.35	香山街道	0.10	0.35	留园街道	0.10	0.35
丁堰街道	0.10	0.35	戴埠镇	0.10	0.35	甪直镇	0.10	0.35	金阊街道	0.10	0.35
潞城街道	0.10	0.35	天目湖镇	0.10	0.35	光福镇	0.10	0.35	白杨湾街道	0.10	0.35
新北区（3街道，6镇）			别桥镇	0.10	0.35	木渎镇	0.10	0.35	虎丘街道	0.10	0.35
河海街道	0.10	0.35	上兴镇	0.10	0.35	胥口镇	0.10	0.35	吴江区（1街道，8镇）		
三井街道	0.10	0.35	竹箦镇	0.10	0.35	临湖镇	0.10	0.35	滨湖街道	0.10	0.35
龙虎塘街道	0.10	0.35	南渡镇	0.10	0.35	东山镇	0.10	0.35	松陵镇	0.10	0.35
春江镇	0.10	0.35	社渚镇	0.10	0.35	金庭镇	0.10	0.35	同里镇	0.10	0.35
孟河镇	0.10	0.35	金坛市（7镇）			唯亭街道	0.10	0.35	平望镇	0.10	0.35
新桥镇	0.10	0.35	金城镇	0.10	0.35	胜浦街道	0.10	0.35	盛泽镇	0.10	0.35
薛家镇	0.10	0.35	儒林镇	0.10	0.35	相城区（4街道，4镇）			七都镇	0.10	0.35
罗溪镇	0.10	0.35	尧塘镇	0.10	0.35	元和街道	0.10	0.35	震泽镇	0.10	0.35
西夏墅镇	0.10	0.35	直溪镇	0.10	0.35	黄桥街道	0.10	0.35	桃源镇	0.05	0.35
武进区（2街道，14镇）			朱林镇	0.10	0.35	北桥街道	0.10	0.35	黎里镇	0.10	0.35
南夏墅街道	0.10	0.35	薛埠镇	0.10	0.35	太平街道	0.10	0.35	常熟市（2街道，9镇）		
西湖街道	0.10	0.35	指前镇	0.10	0.35	望亭镇	0.10	0.35	碧溪街道	0.10	0.35
湖塘镇	0.10	0.35	苏州市（38街道，55镇）			黄埭镇	0.10	0.35	东南街道	0.10	0.35
牛塘镇	0.10	0.35				渭塘镇	0.10	0.35	虞山镇	0.10	0.35
洛阳镇	0.10	0.35	虎丘区（5街道，3镇）			阳澄湖镇	0.10	0.35	梅李镇	0.10	0.35
遥观镇	0.10	0.35	狮山街道	0.10	0.35	姑苏区（17街道）			海虞镇	0.10	0.35
横林镇	0.10	0.35	横塘街道	0.10	0.35	胥江街道	0.10	0.35	古里镇	0.10	0.35
横山桥镇	0.10	0.35	枫桥街道	0.10	0.35	沧浪街道	0.10	0.35	沙家浜镇	0.10	0.35

续表

行政区划名称	峰值加速度g	反应谱特征周期/s	行政区划名称	峰值加速度g	反应谱特征周期/s	行政区划名称	峰值加速度g	反应谱特征周期/s	行政区划名称	峰值加速度g	反应谱特征周期/s
支塘镇	0.10	0.35	南通市（26街道，75乡镇）			五甲镇	0.05	0.40	双甸镇	0.10	0.40
董浜镇	0.10	0.35				石港镇	0.05	0.40	新店镇	0.10	0.40
尚湖镇	0.05	0.35	崇川区（14街道）			四安镇	0.05	0.40	河口镇	0.10	0.40
辛庄镇	0.10	0.35	城东街道	0.10	0.40	刘桥镇	0.05	0.40	袁庄镇	0.10	0.40
张家港市（8镇）			和平桥街道	0.10	0.40	平潮镇	0.05	0.40	大豫镇	0.10	0.40
塘桥镇	0.05	0.40	任港街道	0.10	0.40	平东镇	0.05	0.40	启东市（12乡镇）		
凤凰镇	0.05	0.35	新城桥街道	0.10	0.40	五接镇	0.05	0.40	汇龙镇	0.05	0.40
乐余镇	0.05	0.40	虹桥街道	0.10	0.40	兴仁镇	0.05	0.40	南阳镇	0.05	0.40
锦丰镇	0.05	0.40	学田街道	0.10	0.40	兴东镇	0.05	0.40	北新镇	0.05	0.40
南丰镇	0.05	0.40	钟秀街道	0.10	0.40	张芝山镇	0.10	0.40	王鲍镇	0.05	0.40
杨舍镇	0.05	0.40	文峰街道	0.10	0.40	川姜镇	0.05	0.40	合作镇	0.05	0.45
大新镇	0.05	0.40	观音山街道	0.10	0.40	先锋镇	0.05	0.40	吕四港镇	0.05	0.45
金港镇	0.05	0.40	狼山镇街道	0.10	0.40	海安县（10镇）			海复镇	0.05	0.45
昆山市（10镇）			新开街道	0.10	0.40	海安镇	0.10	0.40	近海镇	0.05	0.40
玉山镇	0.10	0.35	中兴街道	0.10	0.40	曲塘镇	0.10	0.40	寅阳镇	0.10	0.40
巴城镇	0.10	0.35	小海街道	0.10	0.40	李堡镇	0.10	0.40	惠萍镇	0.05	0.40
周市镇	0.10	0.35	竹行街道	0.10	0.40	角斜镇	0.10	0.40	东海镇	0.05	0.40
陆家镇	0.10	0.35	港闸区（6街道）			大公镇	0.10	0.40	启隆乡	0.10	0.40
花桥镇	0.10	0.35	永兴街道	0.10	0.40	城东镇	0.10	0.40	如皋市（3街道，11镇）		
淀山湖镇	0.10	0.35	唐闸镇街道	0.10	0.40	雅周镇	0.10	0.40	如城街道	0.10	0.40
张浦镇	0.10	0.35	天生港镇街道	0.10	0.40	南莫镇	0.10	0.40	城北街道	0.10	0.40
周庄镇	0.10	0.35	秦灶街道	0.10	0.40	白甸镇	0.10	0.40	城南街道	0.10	0.40
千灯镇	0.10	0.35	陈桥街道	0.10	0.40	墩头镇	0.10	0.40	东陈镇	0.10	0.40
锦溪镇	0.10	0.35	幸福街道	0.10	0.40	如东县（14镇）			丁堰镇	0.10	0.40
太仓市（1街道，6镇）			通州区（19镇）			栟茶镇	0.10	0.40	白蒲镇	0.05	0.40
娄东街道	0.10	0.35	金沙镇	0.05	0.40	洋口镇	0.10	0.40	下原镇	0.05	0.40
城厢镇	0.10	0.35	西亭镇	0.05	0.40	苴镇	0.10	0.40	九华镇	0.05	0.40
浮桥镇	0.10	0.40	二甲镇	0.05	0.40	长沙镇	0.10	0.40	石庄镇	0.05	0.40
璜泾镇	0.10	0.35	东社镇	0.05	0.40	掘港镇	0.10	0.40	长江镇	0.05	0.40
双凤镇	0.10	0.35	三余镇	0.05	0.45	马塘镇	0.10	0.40	吴窑镇	0.05	0.40
沙溪镇	0.10	0.35	十总镇	0.05	0.40	丰利镇	0.10	0.40	江安镇	0.05	0.40
浏河镇	0.10	0.40	骑岸镇	0.05	0.40	曹埠镇	0.10	0.40	搬经镇	0.05	0.40
						岔河镇	0.10	0.40	磨头镇	0.05	0.40

续表

行政区划名称	峰值加速度g	反应谱特征周期/s	行政区划名称	峰值加速度g	反应谱特征周期/s	行政区划名称	峰值加速度g	反应谱特征周期/s	行政区划名称	峰值加速度g	反应谱特征周期/s
海门市（3街道，9乡镇）			新南街道	0.10	0.45	东海县（2街道，17乡镇）			南岗乡	0.10	0.45
海门街道	0.05	0.40	路南街道	0.10	0.45	牛山街道	0.15	0.45	灌南县（11乡镇）		
滨江街道	0.10	0.40	新海街道	0.10	0.45	石榴街道	0.15	0.45	新安镇	0.05	0.45
三厂街道	0.05	0.40	花果山街道	0.10	0.45	白塔埠镇	0.15	0.45	堆沟港镇	0.05	0.45
三星镇	0.05	0.40	南城街道	0.10	0.45	黄川镇	0.15	0.45	北陈集镇	0.05	0.45
常乐镇	0.05	0.40	浦南镇	0.10	0.45	石梁河镇	0.15	0.45	张店镇	0.05	0.45
悦来镇	0.05	0.40	云台街道	0.10	0.45	青湖镇	0.15	0.45	汤沟镇	0.10	0.45
四甲镇	0.05	0.40	海州区（5街道，3镇）			温泉镇	0.20	0.45	百禄镇	0.05	0.45
余东镇	0.05	0.40	海州街道	0.10	0.45	双店镇	0.20	0.45	孟兴庄镇	0.10	0.45
正余镇	0.05	0.40	幸福路街道	0.10	0.45	桃林镇	0.20	0.40	三口镇	0.05	0.45
包场镇	0.05	0.40	朐阳街道	0.10	0.45	洪庄镇	0.20	0.45	田楼镇	0.05	0.45
临江镇	0.05	0.40	洪门街道	0.10	0.45	安峰镇	0.15	0.45	新集镇	0.05	0.45
海永乡	0.10	0.40	宁海街道	0.10	0.45	房山镇	0.15	0.45	李集乡	0.05	0.45
连云港市（28街道，61乡镇）			新坝镇	0.10	0.45	平明镇	0.10	0.45	淮安市（11街道，115乡镇）		
连云区（12街道，1乡）			锦屏镇	0.10	0.45	驼峰乡	0.15	0.45	清河区（7街道，3乡）		
墟沟街道	0.10	0.45	板浦镇	0.10	0.45	李埝乡	0.20	0.45	府前街道	0.10	0.45
连云街道	0.10	0.45	赣榆县（15镇）			山左口乡	0.20	0.40	长西街道	0.10	0.45
连岛街道	0.10	0.45	青口镇	0.10	0.45	石湖乡	0.20	0.45	淮海街道	0.10	0.45
板桥街道	0.10	0.45	柘汪镇	0.10	0.45	曲阳乡	0.15	0.45	长东街道	0.10	0.45
云山街道	0.10	0.45	石桥镇	0.10	0.45	张湾乡	0.10	0.45	柳树湾街道	0.10	0.45
海州湾街道	0.10	0.45	金山镇	0.15	0.45	灌云县（13乡镇）			水渡口街道	0.10	0.45
宿城街道	0.10	0.45	黑林镇	0.20	0.45	伊山镇	0.10	0.45	白鹭湖街道	0.10	0.45
高公岛街道	0.10	0.45	厉庄镇	0.15	0.45	杨集镇	0.05	0.45	钵池乡	0.10	0.45
中云街道	0.10	0.45	海头镇	0.10	0.45	燕尾港镇	0.05	0.45	徐杨乡	0.05	0.45
朝阳街道	0.10	0.45	塔山镇	0.15	0.45	同兴镇	0.05	0.45	南马厂乡	0.05	0.45
徐圩街道	0.10	0.45	赣马镇	0.10	0.45	四队镇	0.05	0.45	淮安区（26乡镇）		
猴嘴街道	0.10	0.45	班庄镇	0.20	0.45	圩丰镇	0.05	0.45	淮城镇	0.05	0.45
前三岛乡	0.10	0.45	城头镇	0.15	0.45	龙苴镇	0.10	0.45	平桥镇	0.05	0.45
新浦区（9街道，1镇）			城西镇	0.15	0.45	下车镇	0.05	0.45	上河镇	0.05	0.45
浦东街道	0.10	0.45	宋庄镇	0.10	0.45	图河乡	0.05	0.45	朱桥镇	0.05	0.45
浦西街道	0.10	0.45	沙河镇	0.15	0.45	东王集乡	0.05	0.45	溪河镇	0.05	0.45
新东街道	0.10	0.45	墩尚镇	0.10	0.45	侍庄乡	0.10	0.45	施河镇	0.05	0.45
						小伊乡	0.10	0.45			

续表

行政区划名称	峰值加速度g	反应谱特征周期/s	行政区划名称	峰值加速度g	反应谱特征周期/s	行政区划名称	峰值加速度g	反应谱特征周期/s	行政区划名称	峰值加速度g	反应谱特征周期/s
车桥镇	0.05	0.45	西宋集镇	0.10	0.45	成集镇	0.10	0.45	维桥乡	0.05	0.40
泾口镇	0.05	0.45	三树镇	0.10	0.45	红窑镇	0.05	0.45	穆店乡	0.05	0.40
流均镇	0.05	0.45	韩桥乡	0.10	0.45	陈师镇	0.05	0.45	王店乡	0.05	0.40
苏嘴镇	0.05	0.45	新渡乡	0.05	0.45	前进镇	0.10	0.45	古桑乡	0.10	0.40
钦工镇	0.05	0.45	老张集乡	0.10	0.45	徐集乡	0.05	0.45	兴隆乡	0.10	0.40
顺河镇	0.05	0.45	凌桥乡	0.10	0.45	黄营乡	0.05	0.45	金湖县（11镇）		
林集镇	0.05	0.45	袁集乡	0.10	0.45	洪泽县（11镇）			黎城镇	0.05	0.45
博里镇	0.05	0.45	刘老庄乡	0.10	0.45	高良涧镇	0.05	0.45	金南镇	0.05	0.45
马甸镇	0.05	0.45	古寨乡	0.10	0.45	蒋坝镇	0.05	0.45	闵桥镇	0.05	0.40
席桥镇	0.05	0.45	清浦区（4街道，5乡镇）			仁和镇	0.05	0.45	塔集镇	0.05	0.45
复兴镇	0.05	0.45	清江街道	0.10	0.45	岔河镇	0.05	0.45	银集镇	0.05	0.45
季桥镇	0.05	0.45	浦楼街道	0.10	0.45	西顺河镇	0.10	0.45	涂沟镇	0.05	0.45
仇桥镇	0.05	0.45	闸口街道	0.10	0.45	老子山镇	0.05	0.40	前锋镇	0.05	0.45
南闸镇	0.05	0.45	清安街道	0.10	0.45	三河镇	0.05	0.45	吕良镇	0.05	0.45
范集镇	0.05	0.45	和平镇	0.10	0.45	黄集镇	0.05	0.45	陈桥镇	0.05	0.45
建淮乡	0.05	0.45	武墩镇	0.10	0.45	万集镇	0.05	0.45	金北镇	0.05	0.45
茭陵乡	0.05	0.45	盐河镇	0.05	0.45	东双沟镇	0.05	0.45	戴楼镇	0.05	0.45
宋集乡	0.05	0.45	城南乡	0.10	0.45	共和镇	0.05	0.45	盐城市（13街道，99镇）		
城东乡	0.05	0.45	黄码乡	0.05	0.45	盱眙县（19乡镇）			亭湖区（9街道，6镇）		
三堡乡	0.05	0.45	涟水县（19乡镇）			盱城镇	0.10	0.40	五星街道	0.10	0.40
淮阴区（21乡镇）			涟城镇	0.05	0.45	马坝镇	0.05	0.40	文峰街道	0.10	0.40
王营镇	0.10	0.45	高沟镇	0.05	0.45	官滩镇	0.10	0.40	先锋街道	0.10	0.40
赵集镇	0.10	0.45	唐集镇	0.05	0.45	旧铺镇	0.05	0.40	新城街道	0.10	0.40
吴城镇	0.10	0.45	保滩镇	0.05	0.45	桂五镇	0.05	0.40	大洋街道	0.10	0.40
南陈集镇	0.10	0.45	大东镇	0.05	0.45	管镇镇	0.10	0.40	新洋街道	0.10	0.40
码头镇	0.10	0.45	五港镇	0.05	0.45	河桥镇	0.10	0.40	毓龙街道	0.10	0.40
王兴镇	0.10	0.45	梁岔镇	0.10	0.45	鲍集镇	0.15	0.40	新兴镇	0.10	0.40
棉花庄镇	0.10	0.45	石湖镇	0.05	0.45	黄花塘镇	0.05	0.40	南洋镇	0.15	0.40
丁集镇	0.10	0.45	朱码镇	0.05	0.45	明祖陵镇	0.10	0.40	便仓镇	0.15	0.45
五里镇	0.10	0.45	岔庙镇	0.05	0.45	铁佛镇	0.15	0.40	黄尖镇	0.15	0.40
徐溜镇	0.10	0.45	东胡集镇	0.05	0.45	淮河镇	0.10	0.40	盐东镇	0.15	0.45
渔沟镇	0.10	0.45	南集镇	0.05	0.45	仇集镇	0.10	0.40	步凤镇	0.15	0.45
吴集镇	0.10	0.45	义兴镇	0.05	0.45	观音寺镇	0.05	0.45			

行政区划名称	峰值加速度g	反应谱特征周期/s	行政区划名称	峰值加速度g	反应谱特征周期/s	行政区划名称	峰值加速度g	反应谱特征周期/s	行政区划名称	峰值加速度g	反应谱特征周期/s
伍佑街道	0.10	0.40	滨海港镇	0.05	0.45	建湖县（12镇）			小海镇	0.15	0.45
黄海街道	0.10	0.40	滨淮镇	0.05	0.45	近湖镇	0.05	0.45	西团镇	0.15	0.45
盐都区（4街道，8镇）			天场镇	0.05	0.45	建阳镇	0.05	0.45	新丰镇	0.15	0.45
张庄街道	0.10	0.45	陈涛镇	0.05	0.45	九龙口镇	0.05	0.45	大桥镇	0.15	0.45
潘黄街道	0.10	0.45	阜宁县（14镇）			恒济镇	0.05	0.45	草庙镇	0.15	0.45
盐龙街道	0.10	0.45	阜城镇	0.05	0.45	颜单镇	0.05	0.45	万盈镇	0.15	0.45
学富镇	0.10	0.45	沟墩镇	0.05	0.45	沿河镇	0.10	0.45	南阳镇	0.15	0.45
龙冈镇	0.10	0.40	陈良镇	0.05	0.45	芦沟镇	0.10	0.45	三龙镇	0.15	0.45
郭猛镇	0.10	0.45	三灶镇	0.05	0.45	庆丰镇	0.10	0.40	扬州市（14街道，67乡镇）		
大冈镇	0.10	0.45	郭墅镇	0.05	0.45	上冈镇	0.10	0.40			
大纵湖镇	0.10	0.45	新沟镇	0.05	0.45	冈西镇	0.10	0.40	广陵区（4街道，7乡镇）		
楼王镇	0.10	0.45	陈集镇	0.05	0.45	宝塔镇	0.05	0.45	东关街道	0.15	0.40
尚庄镇	0.10	0.45	羊寨镇	0.05	0.45	高作镇	0.05	0.45	汶河街道	0.15	0.40
秦南镇	0.10	0.40	芦蒲镇	0.05	0.45	东台市（14镇）			文峰街道	0.15	0.40
新都街道	0.10	0.45	板湖镇	0.05	0.45	溱东镇	0.10	0.40	曲江街道	0.15	0.40
响水县（8镇）			东沟镇	0.05	0.45	时堰镇	0.10	0.40	湾头镇	0.15	0.40
响水镇	0.05	0.45	益林镇	0.05	0.45	五烈镇	0.10	0.40	杭集镇	0.15	0.40
陈家港镇	0.05	0.45	古河镇	0.05	0.45	梁垛镇	0.10	0.40	李典镇	0.15	0.35
小尖镇	0.05	0.45	罗桥镇	0.05	0.45	安丰镇	0.10	0.40	沙头镇	0.15	0.35
黄圩镇	0.05	0.45	射阳县（13镇）			南沈灶镇	0.15	0.40	头桥镇	0.10	0.35
大有镇	0.05	0.45	合德镇	0.10	0.40	富安镇	0.10	0.40	泰安镇	0.15	0.40
双港镇	0.05	0.45	临海镇	0.10	0.45	唐洋镇	0.10	0.40	汤汪乡	0.15	0.40
南河镇	0.05	0.45	千秋镇	0.10	0.45	新街镇	0.15	0.40	邗江区（8街道，12乡镇）		
运河镇	0.05	0.45	四明镇	0.05	0.45	许河镇	0.15	0.40	邗上街道	0.15	0.35
滨海县（12镇）			海河镇	0.10	0.40	三仓镇	0.15	0.40	新盛街道	0.15	0.35
东坎镇	0.05	0.45	海通镇	0.10	0.40	头灶镇	0.15	0.40	蒋王街道	0.15	0.35
五汛镇	0.05	0.45	兴桥镇	0.10	0.40	弶港镇	0.15	0.40	汊河街道	0.15	0.35
蔡桥镇	0.05	0.45	新坍镇	0.10	0.40	东台镇	0.10	0.40	梅岭街道	0.15	0.35
正红镇	0.05	0.45	长荡镇	0.10	0.40	大丰市（12镇）			甘泉街道	0.15	0.35
通榆镇	0.05	0.45	盘湾镇	0.10	0.40	大中镇	0.15	0.45	瘦西湖街道	0.15	0.35
界牌镇	0.05	0.45	特庸镇	0.15	0.40	草堰镇	0.10	0.40			
八巨镇	0.05	0.45	洋马镇	0.15	0.40	白驹镇	0.15	0.45	公道镇	0.10	0.40
八滩镇	0.05	0.45	黄沙港镇	0.15	0.40	刘庄镇	0.15	0.45	方巷镇	0.15	0.40

续表

行政区划名称	峰值加速度g	反应谱特征周期/s	行政区划名称	峰值加速度g	反应谱特征周期/s	行政区划名称	峰值加速度g	反应谱特征周期/s	行政区划名称	峰值加速度g	反应谱特征周期/s
槐泗镇	0.15	0.40	小官庄镇	0.05	0.45	镇江市（24街道，33镇）			曲阿街道	0.10	0.35
瓜洲镇	0.15	0.35	望直港镇	0.05	0.45				司徒镇	0.10	0.35
杨寿镇	0.15	0.40	曹甸镇	0.05	0.45	京口区（8街道，3镇）			延陵镇	0.10	0.35
杨庙镇	0.15	0.40	西安丰镇	0.05	0.45	正东路街道	0.15	0.35	珥陵镇	0.10	0.35
西湖镇	0.15	0.40	山阳镇	0.05	0.45	健康路街道	0.15	0.35	导墅镇	0.10	0.35
平山乡	0.15	0.40	黄塍镇	0.05	0.45	大市口街道	0.15	0.35	皇塘镇	0.10	0.35
城北乡	0.15	0.40	泾河镇	0.05	0.45	四牌楼街道	0.15	0.35	吕城镇	0.10	0.35
双桥乡	0.15	0.35	仪征市（10镇）			谏壁街道	0.10	0.35	陵口镇	0.10	0.35
扬子津街道	0.15	0.35	真州镇	0.15	0.35	象山街道	0.15	0.35	访仙镇	0.10	0.35
八里镇	0.15	0.35	青山镇	0.10	0.35	丁卯街道	0.15	0.35	界牌镇	0.10	0.35
施桥镇	0.15	0.35	新集镇	0.15	0.35	大港街道	0.10	0.35	新桥镇	0.10	0.35
江都区（13镇）			新城镇	0.15	0.35	丁岗镇	0.10	0.35	后巷镇	0.10	0.35
仙女镇	0.15	0.40	马集镇	0.15	0.40	大路镇	0.10	0.35	埤城镇	0.10	0.35
小纪镇	0.10	0.40	刘集镇	0.15	0.40	姚桥镇	0.10	0.35	扬中市（2街道，4镇）		
武坚镇	0.10	0.40	陈集镇	0.15	0.40	润州区（7街道）			三茅街道	0.10	0.35
樊川镇	0.10	0.40	大仪镇	0.10	0.40	宝塔路街道	0.15	0.35	兴隆街道	0.10	0.35
真武镇	0.10	0.40	月塘镇	0.15	0.40	和平路街道	0.15	0.35	新坝镇	0.10	0.35
宜陵镇	0.10	0.40	朴席镇	0.15	0.35	官塘街道	0.15	0.35	油坊镇	0.10	0.35
丁沟镇	0.10	0.40	高邮市（2街道，11乡镇）			蒋乔街道	0.15	0.35	八桥镇	0.10	0.35
郭村镇	0.10	0.40	高邮街道	0.10	0.40	金山街道	0.15	0.35	西来桥镇	0.10	0.35
邵伯镇	0.10	0.40	马棚街道	0.10	0.40	韦岗街道	0.15	0.35	句容市（3街道，8镇）		
丁伙镇	0.10	0.40	龙虬镇	0.05	0.40	七里甸街道	0.15	0.35	华阳街道	0.10	0.35
大桥镇	0.10	0.40	车逻镇	0.10	0.40	丹徒区（2街道，6镇）			崇明街道	0.10	0.35
吴桥镇	0.10	0.40	汤庄镇	0.10	0.40	高资街道	0.15	0.35	黄梅街道	0.10	0.35
浦头镇	0.10	0.40	卸甲镇	0.10	0.40	宜城街道	0.10	0.35	下蜀镇	0.10	0.35
宝应县（14镇）			三垛镇	0.10	0.40	高桥镇	0.10	0.35	白兔镇	0.10	0.35
安宜镇	0.05	0.45	甘垛镇	0.10	0.40	辛丰镇	0.10	0.35	茅山镇	0.10	0.35
范水镇	0.05	0.45	界首镇	0.05	0.45	谷阳镇	0.10	0.35	后白镇	0.10	0.35
夏集镇	0.05	0.45	周山镇	0.05	0.45	上党镇	0.10	0.35	郭庄镇	0.10	0.35
柳堡镇	0.05	0.45	临泽镇	0.05	0.45	宝堰镇	0.10	0.35	天王镇	0.10	0.35
射阳湖镇	0.05	0.45	送桥镇	0.10	0.40	世业镇	0.15	0.35	宝华镇	0.10	0.35
广洋湖镇	0.05	0.45	菱塘回族乡	0.10	0.40	丹阳市（2街道，12镇）			边城镇	0.10	0.35
鲁垛镇	0.05	0.45				云阳街道	0.10	0.35			

续表

行政区划名称	峰值加速度g	反应谱特征周期/s	行政区划名称	峰值加速度g	反应谱特征周期/s	行政区划名称	峰值加速度g	反应谱特征周期/s	行政区划名称	峰值加速度g	反应谱特征周期/s
泰州市			华港镇	0.10	0.40	戴南镇	0.10	0.40	宣堡镇	0.10	0.40
（16街道，80乡镇）			顾高镇	0.10	0.40	张郭镇	0.10	0.40	分界镇	0.05	0.40
海陵区（10街道，3镇）			桥头镇	0.10	0.40	昭阳镇	0.10	0.40	滨江镇	0.10	0.35
城东街道	0.10	0.40	张甸镇	0.10	0.40	大营镇	0.10	0.45	虹桥镇	0.10	0.35
城西街道	0.10	0.40	沈高镇	0.10	0.40	下圩镇	0.10	0.45	根思乡	0.10	0.40
城南街道	0.10	0.40	溱潼镇	0.10	0.40	城东镇	0.10	0.45	宿迁市		
城中街道	0.10	0.40	梁徐镇	0.10	0.40	老圩乡	0.10	0.45	（10街道，103乡镇）		
城北街道	0.10	0.40	淤溪镇	0.10	0.40	周奋乡	0.10	0.45	宿城区（4街道，14乡镇）		
京泰路街道	0.10	0.40	姜堰镇	0.10	0.40	缸顾乡	0.10	0.45	幸福街道	0.30	0.40
九龙镇	0.10	0.40	兴化市（34乡镇）			西鲍乡	0.10	0.45	项里街道	0.30	0.40
罡杨镇	0.10	0.40	戴窑镇	0.10	0.40	林湖乡	0.10	0.45	河滨街道	0.30	0.40
苏陈镇	0.10	0.40	合陈镇	0.10	0.45	靖江市（1街道，8镇）			古城街道	0.30	0.40
凤凰路街道	0.10	0.40	永丰镇	0.10	0.45	靖城街道	0.05	0.40	双庄镇	0.30	0.40
寺巷街道	0.10	0.40	新垛镇	0.10	0.45	新桥镇	0.05	0.35	耿车镇	0.30	0.40
明珠街道	0.10	0.40	安丰镇	0.10	0.45	东兴镇	0.05	0.35	埠子镇	0.30	0.40
红旗街道	0.10	0.40	海南镇	0.10	0.45	斜桥镇	0.05	0.40	龙河镇	0.30	0.40
高港区（4街道，5镇）			钓鱼镇	0.10	0.45	西来镇	0.05	0.40	洋北镇	0.20	0.40
口岸街道	0.10	0.40	大邹镇	0.10	0.45	季市镇	0.05	0.40	中杨镇	0.15	0.45
刁铺街道	0.10	0.40	沙沟镇	0.10	0.45	孤山镇	0.05	0.40	陈集镇	0.20	0.40
许庄街道	0.10	0.40	中堡镇	0.10	0.45	生祠镇	0.05	0.40	罗圩乡	0.20	0.40
永安洲镇	0.10	0.35	李中镇	0.10	0.45	马桥镇	0.05	0.40	屠园乡	0.20	0.40
白马镇	0.10	0.40	西郊镇	0.10	0.45	泰兴市（1街道，15乡镇）			三棵树乡	0.30	0.40
大泗镇	0.10	0.40	临城镇	0.10	0.40	济川街道	0.05	0.35	洋河镇	0.20	0.40
胡庄镇	0.10	0.40	垛田镇	0.10	0.40	黄桥镇	0.05	0.40	仓集镇	0.15	0.45
沿江街道	0.10	0.40	竹泓镇	0.10	0.40	珊瑚镇	0.05	0.40	郑楼镇	0.15	0.45
野徐镇	0.10	0.40	沈伦镇	0.10	0.40	广陵镇	0.05	0.40	南蔡乡	0.30	0.40
姜堰区（15镇）			大垛镇	0.10	0.40	古溪镇	0.10	0.40	宿豫区（17乡镇）		
蒋垛镇	0.10	0.40	荻垛镇	0.10	0.40	元竹镇	0.10	0.40	顺河镇	0.30	0.40
娄庄镇	0.10	0.40	陶庄镇	0.10	0.40	张桥镇	0.05	0.35	蔡集镇	0.20	0.40
白米镇	0.10	0.40	昌荣镇	0.10	0.40	曲霞镇	0.05	0.40	王官集镇	0.20	0.40
俞垛镇	0.10	0.40	茅山镇	0.10	0.40	河失镇	0.05	0.40	仰化镇	0.20	0.45
兴泰镇	0.10	0.40	周庄镇	0.10	0.40	新街镇	0.10	0.40	大兴镇	0.20	0.45
大伦镇	0.10	0.40	陈堡镇	0.10	0.40	姚王镇	0.05	0.40	丁嘴镇	0.15	0.45

续表

行政区划名称	峰值加速度g	反应谱特征周期/s	行政区划名称	峰值加速度g	反应谱特征周期/s	行政区划名称	峰值加速度g	反应谱特征周期/s	行政区划名称	峰值加速度g	反应谱特征周期/s
来龙镇	0.20	0.45	庙头镇	0.15	0.45	西圩乡	0.10	0.45	魏营镇	0.20	0.40
陆集镇	0.20	0.40	韩山镇	0.10	0.45	万匹乡	0.15	0.45	临淮镇	0.15	0.40
关庙镇	0.20	0.45	华冲镇	0.15	0.45	官墩乡	0.10	0.45	半城镇	0.15	0.40
侍岭镇	0.20	0.45	桑墟镇	0.15	0.45	泗阳县（16乡镇）			孙园镇	0.15	0.40
新庄镇	0.20	0.45	悦来镇	0.15	0.45	众兴镇	0.10	0.45	梅花镇	0.20	0.40
曹集乡	0.30	0.40	刘集镇	0.15	0.45	爱园镇	0.15	0.45	归仁镇	0.20	0.40
保安乡	0.20	0.45	李恒镇	0.10	0.45	王集镇	0.10	0.45	金锁镇	0.20	0.40
晓店镇	0.30	0.40	扎下镇	0.15	0.45	裴圩镇	0.10	0.45	朱湖镇	0.20	0.40
皂河镇	0.20	0.40	颜集镇	0.20	0.45	新袁镇	0.10	0.45	界集镇	0.15	0.40
井头乡	0.30	0.40	潼阳镇	0.20	0.45	李口镇	0.10	0.45	太平镇	0.15	0.45
黄墩镇	0.20	0.40	龙庙镇	0.15	0.45	临河镇	0.15	0.45	龙集镇	0.15	0.45
沭阳县（6街道，33乡镇）			高墟镇	0.10	0.45	穿城镇	0.15	0.45	四河乡	0.20	0.40
沭城街道	0.15	0.45	耿圩镇	0.15	0.45	张家圩镇	0.15	0.45	峰山乡	0.20	0.40
南湖街道	0.15	0.45	汤涧镇	0.10	0.45	高渡镇	0.15	0.45	天岗湖乡	0.20	0.40
梦溪街道	0.15	0.45	新河镇	0.15	0.45	卢集镇	0.10	0.45	车门乡	0.20	0.40
十字街道	0.15	0.45	贤官镇	0.15	0.45	庄圩乡	0.10	0.45	瑶沟乡	0.20	0.40
章集街道	0.15	0.45	吴集镇	0.10	0.45	里仁乡	0.10	0.45	石集乡	0.20	0.40
七雄街道	0.15	0.45	湖东镇	0.10	0.45	三庄乡	0.15	0.45	城头乡	0.20	0.40
陇集镇	0.15	0.45	青伊湖镇	0.15	0.45	南刘集乡	0.10	0.45	陈圩乡	0.15	0.40
胡集镇	0.10	0.45	北丁集乡	0.15	0.45	八集乡	0.10	0.45	曹庙乡	0.20	0.40
钱集镇	0.10	0.45	周集乡	0.10	0.45	泗洪县（23乡镇）					
塘沟镇	0.10	0.45	东小店乡	0.10	0.45	青阳镇	0.20	0.40			
马厂镇	0.10	0.45	张圩乡	0.10	0.45	双沟镇	0.20	0.40			
沂涛镇	0.10	0.45	茆圩乡	0.15	0.45	上塘镇	0.20	0.40			

注：数据来源于《中国地震动参数区划图》GB18306—2015（2016年6月1日起实施）。

施工质量通病防治措施 附表2

分项	质量通病	防治措施
混凝土工程	混凝土强度不足或不均匀	严格控制混凝土配合比，混凝土应按顺序加料、拌制，保证搅拌时间和拌匀。水泥应有出厂质量合格证，不得使用过期水泥。混凝土浇筑完成后，应进行成品保护和浇水养护工作
	蜂窝、麻面、孔洞、露筋	混凝土浇筑前，模板应浇水湿润，模板缝隙要堵严。钢筋垫块按规定垫好，钢筋绑扎位置要保证不位移。混凝土浇筑过程中，应进行充分振捣，并防止漏振或过振
	现浇板面龟裂甚至形成沿板厚贯通缝	混凝土浇筑后，应按要求及时浇水或覆盖塑料布养护，防止混凝土失水干缩形成裂缝。不得随意在板面堆载，并要注意板面荷载要均匀，严禁出现冲击荷载
	楼板面和楼梯踏步上表面平整度偏差大	混凝土浇筑后，表面应用抹子认真抹平，并设置防护措施或铺垫板进行操作，防止上人或上材料过早
	构件尺寸、垂直度、平整度偏差大	模板、支撑应有足够的承载力、刚度、稳定性，支柱和支撑必须支承在坚实的土层上，有足够的支承面积，并防止浸水，以保证结构不发生过量下沉
钢筋工程	钢筋接头位置错误，锚固、搭接长度不够	梁、柱、墙钢筋接头较多时，翻样配料加工时，应根据图纸预先画出施工翻样图，注明各号钢筋搭配顺序，并避开受力钢筋的最大弯矩处
	梁柱接头处柱箍筋数量不足或漏绑	应合理安排接头处侧模与钢筋的施工工序，先绑扎柱、梁主筋，待补上梁、柱接头处箍筋后，再封梁柱接头侧模
	钢筋成型尺寸不准确	加强钢筋配料管理工作，预先确定各种形状钢筋下料长度调整值。根据钢筋弯制角度和钢筋直径确定好扳距大小
	钢筋受力筋保护层厚度不足	混凝土保护层垫块要适量可靠。钢筋绑扎时要控制好外形尺寸。混凝土浇筑时，应避免钢筋受碰撞位移
	柱钢筋偏位	柱主筋的插筋与基础上、下筋要固定绑扎牢固，确保位置准确。必要时可附加钢筋电焊焊牢，混凝土浇筑前、后应有专人检查修整
	板钢筋无保护措施，乱踩踏	加强操作人员的成品保护意识，行走时尽量走在坚固的梁钢筋上，浇灌混凝土应搭设马道
模板工程	梁板模板底不平，下垂下挠	梁、板底模板的龙骨、支柱的截面尺寸及间距应通过计算决定，使模板的支撑系统有足够的强度和刚度。模板支柱应立在坚实的地面上，防止支柱下沉，使梁、板产生下挠
	柱模板胀模，断面尺寸不准	根据柱高和断面尺寸核算柱箍自身的截面尺寸和间距。对大断面柱使用穿柱螺栓和竖向钢楞，以保证柱模的强度、刚度足以抵抗混凝土的侧压力

131

续表

分项	质量通病	防治措施
模板工程	模板缝隙、柱底接缝处跑浆	模板拼装时缝隙垫海绵条挤紧，并用胶带封住。柱模板根部砂浆找平塞严，模板间卡固措施牢靠。模板内杂物清理干净，混凝土浇筑前宜用与混凝土同配比的无石子水泥砂浆坐浆50mm厚
	模板标高偏差超标	每层楼设足够的标高控制点，竖向模板根部须做找平。建筑楼层标高由首层±0.000标高控制，不宜逐层向上引测，以防累计误差
	模板拆除时表面粘连，楞角破损脱落	模板表面应清理干净，隔离剂涂刷均匀。混凝土强度必须达到规定的拆模强度后方可拆模。拆模时严禁用大锤、撬棍硬砸猛撬
砌体工程	组砌方法错误	控制好摆砖撂底，在保证砌砖灰缝8~12mm的前提下考虑到砖垛处、窗间墙、柱边缘处用砖的合理模数。确定标高，立好皮树杆，双面挂线。构造柱部位必须留置马牙槎，要求先退后进
	砌体拉结筋漏设，位置不当	砌体与构造柱拉结筋应沿墙高每隔500mm设2ϕ6拉结钢筋，每边伸入墙内不小于1m
	灰缝砂浆饱满度不合格	砌筑用砖必须提前1~2d浇水湿润，含水率宜在10%~15%，严防干砖上墙。砌筑时要采用"三一"砌砖法，严禁铺长灰而使底灰产生空穴和摆砖砌筑，造成砂浆不饱满
	砌体结构裂缝	墙体转角或墙长大于5m应设置构造柱。圈梁应连续设置在墙的同一水平面上，并尽可能的形成封闭圈。混凝土柱与砖墙之间应采用钢丝网片连接加固，墙柱结合部位必须按设计规范要求设置拉结筋且砌筑砂浆要饱满
	墙体渗水	对组砌中形成的空头缝应在装饰抹灰前将空头缝采用勾缝方法修整。门窗口与墙体的缝隙，应采用加有麻丝的砂浆自上而下塞压拉紧。勾灰缝时要压实，防止有砂眼和毛细孔导致虹吸作用

江苏省不同地区农房土建造价参考

附表3

区域	单位面积土建价格
苏南地区	约1500~2000元/m²
苏中地区	约1300~1800元/m²
苏北地区	约1100~1600元/m²

注：数据来源于2021年全省农房建设工作调研。

CHAPTER 04

管理篇

■ 农房建设模式

关于农房建设的模式，一直以来并未有严谨统一的定义。根据各地在农房建设方面的实践，一般认为农房建设分为统规代建、统规联建和统规自建三种模式。

◎ 统规代建

统规代建，一般是指在统一规划的前提下，由政府（主要是县、乡镇两级政府）或政府部门（含平台公司、代建单位）统一组织建设农房。这种模式多适用于新建的新型农村社区，建设过程与国有土地上商品房建设类似，一般会由建设单位聘请有资质的单位进行设计、施工、监理，所在地相关主管部门一般会对项目建设过程进行监督管理。

案例1　徐州新沂市农房统规代建

徐州新沂市瓦窑镇富驰家园设有8个村民小组，为规划新建型村庄，规划占地168亩，规划集聚448户，一期312户已建成交付使用，二期规划建设136户。该模式一是规划设计，彰显苏北乡村特色。户型设计注重实用性、舒适性，户型面积为55m²、104m²、136m²、157m²四种，分别占5%、27%、53%、15%，新房价格控制在1150元/m²内。在广泛征求村民意愿基础上，农房选用灰瓦白墙，立面简洁简约，每户独户独院、围墙虚实结合，彰显苏北民居特色。二是设施齐全，完善乡村公共服务。根据"五通十有"建设标准，充分考虑村民生产生活需求，建设了社区综合服务中心、卫生室、超市、乡情馆、文体广场等配套设施，系统建设污水处理、垃圾收运、雨污分流

徐州新沂市瓦窑镇农房改善前

徐州新沂市瓦窑镇农房改善后

等基础设施。三是绿植景观，保持农村乡土特征。绿化以各种果树、本地适生植物、农家菜园为主体，形成村庄的绿化景观风貌。同时，注重从原搬迁村庄移植梨树、老核桃树、乌桕、朴树等老树和大树，延续乡村记忆；每户预留小菜地，既体现了乡村生活气息，也降低了生活成本，还节约了管养成本。

◎ **统规联建**

统规联建，一般是指在统一规划的前提下，由村委会或农民联合聘请单位进行农房建设，这种模式多适用于新建的新型农村社区，或者老庄台集聚提升，一般会聘请有资质的单位进行设计、施工，村委会或农民在建设过程中发挥重要的监督作用。

案例2　淮安涟水县农房统规联建

在农民群众住房条件改善过程中，针对"选择什么样的建筑风格、设计方案和房建模式"等问题，涟水县条河社区将选择权交给了党员、干部和群众。经过村民深入讨论，形成了"统一规划、联合建设、村民代表比选施工队伍、镇村监督把关、群众全程参与管理"的统规联建模式。该模式一是请政府帮助、村两委协助、村民参与，对条河社区方案进行统一规划设计，力争实现整体建筑风貌美观协调和土地集约利用的刚性目标，保证基础设施和公共服务配套设施实现高质量；同时，引导群众根据原来住宅和家庭人口情况，自愿选择适合的户型；镇党委政府在选择之前通过广播、公开信、走村串户等方式，帮助群众算安全账、环境账、经济账、质量账、机遇账、就业账等，充

淮安涟水县成集镇条河新型农村社区

分调动群众参与改善工作的积极性。二是由农民群众统一委托联合建设，解决了农民群众在自家宅基地分散建设的弊端，群众参与度的提高对自愿搬迁产生了积极的推动效应。三是村民代表经讨论比选决定信得过的施工队伍，村内老党员、老干部、懂建筑行业的乡土工匠老师傅、群众代表等全程参与价格谈判和工程监管，确保项目公开公正、阳光操作的同时，让群众在工地了解各级干部在推进农房改善过程中所做的工作，进一步密切干群关系。在该模式的引导推动下，条河社区一期选择了一户一宅二层联排建筑设计方案，成本控制价仅为795元/m^2。县政府投入1500万元，按淮安市农房改善基础设施和公共服务设施"七通九有十到位"的配套标准，为条河社区配套建设了道路管网、便民服务中心、社区卫生室、便民超市、养老中心、文化活动中心、村史馆、大戏台、文化长廊及农民文化活动广场等。

◎ **统规自建**

统规自建，一般是指农民自己出资、聘请人员或单位建设农房。这种模式多适用于规划发展村庄就地新建、翻建农房，农民有时会采用政府或主管部门印发的图集中的方案或免费提供的图纸，有时会请专业人员或单位进行设计。

案例3 镇江扬中市统规自建流程

（1）建房户向所在村委会提出书面申请，递交相关材料（户口簿、身份证、农业户口证明等）并在村委会的协助下填写相关建房审批表格。

（2）村委会接到申请后对建房户的建房条件进行初步审查，核实家庭人口情况，农业户口情况等是否符合建房条件。

（3）村委会初步审核通过后，通知镇相关部门（村建办、自然资源与规划局、城管所）对该户共同进行现场踏勘，对该户的家庭人口、户口性质、原房情况、拟建地块及房屋的层次进一步核实，给出初审意见。

（4）初审通过后，上报由分管镇长牵头、多部门共同参与的镇报勘会讨论，并讨论得出审批意见。

（5）报勘会讨论通过后，由所在村委会对该户的家庭人口、原有房屋的情况及处置意见、拟建房屋的情况进行张榜公示。

（6）张榜公示15日内，村组群众无异议后，由所在村委会在建房审批上签署意见盖章后递交相关部门进行审批、发证。

（7）在宅基地审批手续、乡村建设规划许可证发放到位后，由建房户与建房个体工匠一起到镇村建办签订建房合同和安全生产责任状、选定由村建部门认可建房图纸、缴纳规范管理费用、建房安全押金、工匠办理建房安全团体保险后办理施工执照。

（8）建房户在取得三证后方可申请放样，在多部门共同放样验线后，建房户严格按照放样尺寸进行建房。

（9）在建房过程中，由所在村每日进行巡查并上报，相关部门结合"五到场"进行检查，确保按照放样施工。

（10）建房竣工后，由所在村委会通知村建办、自然资源与规划局、城管所等部门共同进行竣工验收。

镇江扬中市油坊镇同德村农民自建房项目

■ 农房建设管理

◎ 农房建设程序

根据《中华人民共和国土地管理法》《中华人民共和国城乡规划法》《中华人民共和国建筑法》《建设工程质量管理条例》等法律、法规及《江苏省人民政府办公厅关于加强农村住房建设管理服务的指导意见》（苏政传发〔2019〕104号）等规定，农房建设一般遵循以下程序：

1. 规划编制与实施

依据国土空间规划、镇村布局规划，根据需要组织编制多规合一的实用性村庄规划，切实加强村庄规划建设管理。村庄规划编制时，应充分考虑农民建房需求，明确宅基地调整优化方案，增强可操作性和可落地性。

农房建设应严格依据经批准的村庄规划实施，禁止在镇村布局规划、村庄规划区外新建、翻建、扩建住房。因规划迁并的空心村、零散村、小型村、偏远村及非规划发展村庄范围，除危房改造外不再批准新建、改建和扩建住房，确保规划的严肃性和连续性。

2. 农房设计

农房设计应遵循"安全、适用、经济、绿色、美观"的原则，在满足相关建筑设计规范和抗震设防要求的基础上，科学合理设置功能空间，满足农民现代生产生活需求。

对于农民自建住房的，可选择使用政府部门提供的农房设计方案图集，也可委托有相应资质的设计单位或有执业资格的个人进行设计；对于统一代建的农房建设工程，应委托有相应资质的设计单位进行设计。

3. 建设审批

按照相关法律法规规定和村庄规划，严格规范宅基地审批管理和用地手续，严格落实"一户一宅、建新拆旧"的要求，充分利用原有宅基地、空闲地建房。

严格农房建设规划许可管理，合理确定农房建设的占地面积、建筑面积，从严控制农房建筑体量，建筑层数原则上不得超过三层。

农房建设审批时应提供必要的设计图纸或拟选用的农房设计方案图集。

建房人应严格按程序申请办理宅基地用地手续和乡村建设规划许可，未经许可不得开工建设。

4. 农房施工

建房人与承建人签订施工合同的，应当明确质量安全责任、质量保证期限和双方权利义务。承建人必须遵守有关法律法规、施工操作规范和施工技术标准，鼓励购买建筑施工意外伤害保险和工程保险，确保施工质量和安全。建房人可委托具备相应资质的监理单位或者相应资格的监理人员对农房建设进行监理。

建房人对农房质量安全负总责，承担建设主体责任；农房设计、承建人、材料供应等单位或个人分别承担相应的质量和安全责任；县级建设主管部门、镇级人民政府（街道办事处）应当切实加强对农房建设质量安全的技术指导。

对于农民自建住房的，建房人可委托具有相应资质的建筑施工企业或具有相应技能的农村建筑工匠施工；对于统一代建的农房建设工程，要按照基本建设程序进行管理，强化对设计施工各环节的监督检查，邀请村民代表参与施工过程中工程质量监督，保证工程建设质量。

5. 竣工验收

县级建设主管部门可编制农房竣工验收技术指南提供给自建农户组织竣工验收时参考；对于统一代建的农房建设工程，应由代建人组织设计、施工、监理等实施主体以及村民代表进行项目竣工验收，并出具验收书面意见。

农房竣工验收后，农户可持相关审批、验收等资料，向县级不动产登记机构申请不动产登记。

◎ **农房建设管理要求**

1. 规划编制和设计要求

村庄规划编制应符合城乡规划要求，从农村实际出发，尊重村民意愿，体现地方和农村特色。

村庄规划设计应尊重村庄原有肌理和格局，充分保护和利用当地自然资源、历史文脉，保持村庄风貌的整体性和地域特色，建筑高度、体量、材料、色彩应与周边环境相协调。

农房设计应遵循"安全、适用、经济、绿色、美观"的

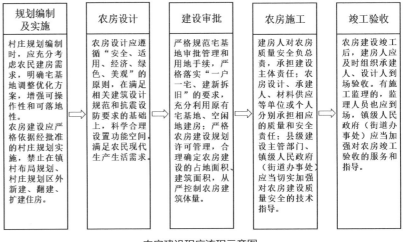

农房建设程序流程示意图

原则，功能品质满足现代生产生活需求，遵守国家和地方关于抗御灾害及节能、节地、节水、节材等规定，房屋结构应满足抗震设防、抗风防灾、绿色节能等标准；积极借鉴传统乡村营建智慧，吸取传统建筑元素和文化符号，用好乡土建设材料，确保新建农房和建筑与乡村环境相适应，体现地域文化特色和时代特征，探索形成具有地方特色的新时代民居范式；注重绿色技术设施与农房的一体化设计，加强对传统建造方式的传承和创新，逐步引导形成具有地域特点、乡土特色、时代特征的高品质农房和乡村特色风貌。

高品质农房

案例 4　镇江市强化规划引领管控

镇江加快编制镇国土空间规划，明确规划发展村的建设用地规模，并按需编制村庄规划。对于不编制村庄规划的，需在镇国土空间规划中，明确宅基地范围。在镇村布局规划中明确为搬迁撤并类的村庄，原则上应划入（村庄）建设控制区进行管理。其他一般村庄原则上不允许新增自然村建设用地规模，待分类明确后再按照对应村庄分类进行规划管控。

案例 5　苏州昆山市明确农村房屋风貌管控要求

为加强农村房屋建筑风貌引导，保留江南水乡特色，制定《昆山市农村房屋风貌管控管理规定（试行）》，明确可翻建村庄中的农民自建房的建设管理要求，主要内容如下：

1.农村房屋建设须严格按照村庄规划及选定房型施工，须采用白墙黑瓦体现江南风貌。外墙宜采用白色弹性外墙涂料，严禁采用花岗岩、大理石、釉面砖等作为外墙装饰材料；屋面宜采用黑色亚光筒瓦或小瓦等非反射材料。

2.门框、窗框除使用木质可保留本色外，金属窗框、门框应采用黑色、灰色或深咖啡色；大门、防盗门、院门，色彩宜使用不同明度灰色、深色、木本色，严禁使用亮度较高、饱和度较高的色彩。

3.外栏杆宜采用金属栏杆，颜色为黑色、灰色或深咖啡色；使用木质栏杆的，可保留本色；严禁使用罗马柱等与江南元素不符的外来装饰。

4.围墙设置应符合各区镇相关要求，高度不超过2m，应采用通透式围墙，且色彩与构造应与房屋整体风格相协调。

5.空调室外机、太阳能热水器、墙面雨污水立管等应在房型立面设计时统一规划布置，做到整齐有序；雨污水管颜色应与墙体一致。

6.所选房型无辅房的，禁止私自搭设辅房；禁止违规搭设阳光房。

昆山市人民政府文件

昆政发〔2019〕1号

市政府关于印发昆山市农村房屋风貌管控管理规定（试行）的通知

昆山开发区、昆山高新区、花桥经济开发区、旅游度假区管委会，各镇人民政府，各城市管理办事处，市各委办局，各直属单位：
《昆山市农村房屋风貌管控管理规定（试行）》业经市政府第27次常务会议讨论通过，现印发给你们，请认真贯彻执行。

2019年1月17日

（此件公开发布）

昆山市农村房屋风貌管控管理规定（试行）

第一章 总 则

第一条 为加强农村房屋建筑风貌引导，保留江南水乡特色，落实属地管理责任，根据《苏州市江南水乡古镇保护办法》《关于进一步加强苏州市农村住房规划建设管理的指导意见》（苏府办〔2018〕325号）及《昆山市农村房屋规划建设管理办法（试行）》（昆政办发〔2018〕65号，以下简称《办法》），结合我市实际，制定本规定。

第二条 本规定适用于《办法》所规定的可翻建村庄中的农民自建房。

第二章 建设管理要求

第三条 农村房屋建设须严格按照村庄规划及选定房型施工，须采用白墙黑瓦体现江南风貌。外墙宜采用白色弹性外墙涂料，严禁采用花岗岩、大理石、釉面砖等作为外墙装饰材料；屋面宜采用黑色亚光筒瓦或小瓦等非反射材料。

第四条 门框、窗框除使用木质可保留本色外，金属窗框、门框应采用黑色、灰色或深咖啡色；大门、防盗门、院门，色彩宜使用不同明度灰色、深色、木本色，严禁使用亮度较高、饱和度较高的色彩。

第五条 外栏杆宜采用金属栏杆，颜色为黑色、灰色或深咖

《昆山市农村房屋风貌管控管理规定（试行）》

2.建房申请要求

农房建设可以由农民自行申请建房，也可以以整村改造的方式集体建房（鼓励集体建房，引导农民逐步向村庄规划确定的居民点相对集中）。

由设区市、县（市、区）人民政府及其有关部门结合各地实际制定并公布农民建房申请条件。

（1）申请主体

①个人建房申请：农民需要新建、改建、扩建或者翻建住房的，可以以户为单位向常住户口所在地的村民委员会提出书面申请。原址改建或翻建的，需同时出具四邻同意的书面意见。

②集体建房申请：拟建房村民小组一致同意，经村民会议或者村民代表会议同意实施集体建房后，由村民委员会向镇级人民政府（街道办事处）提出书面申请。

③统一代建应充分尊重农民意愿，经村民代表会议审议同意。确因用地需要在村庄原址拆除新建的，要科学确定过渡安置区域，合理确定过渡安置费用，严格控制过渡安置时限，稳妥安排农民群众生产生活。要充分尊重农民意愿，严禁强拆强建，赶农民上楼。居住去向、建设或安置方式、房屋形式和具体户型等，要由农民自主选择。

案例6　泰州市高港区对"农村村民申请建房"的有关规定

可以纳入集体经济组织成员数核定可批准面积的人员对象：

（1）已婚尚未有子女的或已领取独生子女证的夫妻一方系集体经济组织成员，其配偶或子女；

（2）原户口在本行政村（社区）的现役军人（不含现役军官），复退军人；

（3）原户口在本行政村（社区）的大中专院校在校学生；

（4）原户口在本行政村（社区）的劳动教养、监狱服刑人员；

（5）原户口在本行政村（社区），后在户籍制度改革期间转为地方定量户，至今仍在履行本集体经济组织成员义务的个人；

（6）因合法的收养关系或根据国家有关政策，户口迁入本集体经济组织并履行本集体经济组织成员义务的人员；

（7）依照法律、法规和国家、省、市规定符合条件的其他人员。

可以分户申请建房的人员对象：

（1）兄弟姐妹中，2人以上（包括2人）已婚，其配偶户籍（农村居民）已迁入，且在原籍未以分户方式取得宅基地的；

（2）兄弟姐妹中，1人以上（包括1人）已婚，其配偶户籍（农村居民）已迁入，且在原籍未以分户方式取得宅基地，另有 1 人及以上虽未婚但已年满 35 周岁的；

（3）兄弟姐妹中，有2人及以上虽未婚但均已年满 35 周岁的；

（4）因离婚而分户，离婚满五年且一方再婚满二年以上的；

（5）其他符合法律、法规和规章规定情形的。

禁止村民实施住房建设的情形：

（1）不符合镇国土空间规划、镇村布局规划、村庄规划及其他相关规划的；

（2）不符合村民个人住房建设申请条件的；

（3）恶意违法建设未按规定处理或未处理完毕的；

（4）已列入拆迁或规划、文化等部门划定的需要控制建设范围的；

（5）拆旧房另建新房不愿交出原有宅基地的；

（6）有转让、出租、赠予宅基地或者房屋行为的；

（7）在集体土地范围内一户多宅或有其他闲置住宅的；

（8）农民建房未办理用地手续的；

（9）不符合分户条件以分户名义申请宅基地的；

（10）申请人和房屋所有人已享受拆迁安置或货币补偿的；

（11）申请人户口虽迁入本集体经济组织但并未履行本集体经济组织成员义务的；

（12）以现有家庭成员作为一户申请建房用地并被批准后，不具备分户申请宅基地条件而以户籍分户为由申请建房的；

（13）已批准由政府或集体供养的；

（14）以所有家庭成员对原有合法住房进行析产（其中一方已非本集体经济组织成员），不能拆除原有全部住房而申请建房的；

（15）法律、法规和规章及政策规定不得批准建房的其他情形。

（2）申报要求

符合建房条件的村民，一般需要提交以下申请材料：

①建房申请；

②现状地形图；

③户籍证明和身份证件复印件（原件备查）；

④有效的土地使用权属证件或证明（原件备查）；

⑤有效的原有房产权属证件或证明（原件备查）；

⑥建房申请现场公示结果证明材料原件；

⑦危房翻建的，应当提供危房鉴定机构出具的危房鉴定书。在文物保护单位、历史文化街区、历史地段、历史建筑群和建设控制地带的危房翻建，其翻建方案应当先报经本地区文物保护部门审批；

⑧拟建房屋与相邻建筑毗连或者涉及公用、共用、借墙等关系的，应当取得相邻建筑所有权人同意，并提供书面协议原件；

⑨镇街提供的申请人家庭未享受拆迁安置或货币补偿证明或文件原件。

案例7　徐州新沂市有关"村民建房申报要求"的规定

徐州新沂市在尊重农民意愿的基础上，通过以下途径落实村民户有所居：

（1）对已经在城镇稳定就业并纳入城镇职工社会保障体系的村民，可通过纳入城镇居民住房保障体系实现户有所居。没有宅基地但已享受保障性住房的村民，村集体不得再为其提供宅基地；已有宅基地再申请保障性住房的村民，应按有关要求处置地上房屋并退出原有宅基地，不退出的不得为其提供保障性住房。

（2）对住房条件改善意愿比较强烈的村，在充分尊重农民意愿的基础上，可统一规划建设新型农村社区，引导村民集中居住；同时，在镇区建设城镇社区，引导有能力在城镇稳定就业和生活的农业转移人口进城入镇落户，支持和引导其退出原有宅基地和农房。

（3）对已依法、合理取得宅基地的村民，引导其在符合村庄规划的前提下，经镇（街道）人民政府（办事处）审批，通过在原有宅基地上进行改建、翻建等，改善住房条件，实现户有所居。

（4）对无法通过上述三种途径落实村民户有所居的，可通过合理安排建设用地指标、村庄整治、废旧宅基地腾退等多种方式提供宅基地空间，缓解村民住房紧张问题，并严格按照申请条件进行审批。

3.建设审批管理要求

（1）审批受理机构

农房建设审批受理机构为乡镇人民政府（街道办事处）。

村集体经济组织或者村民委员会可以为村民提供农房建设有关审批、用地和规划核实手续等事项代办服务。各乡镇（街道）建立健全农村宅基地用地建房联审联办制度，及时公布办理流程和要件。

农房建设申请批准后1年内有效，逾期自动作废（因特殊原因逾期的，经原审批部门批准可延期1年）。

徐州新沂市
《关于改善农民群众住房条件加强农村宅基地与房屋建设管理实施方案（试行）》

各乡镇（街道）将宅基地用地建房有关资料整理归档，一户一档，审批情况按季度报县级农业农村、自然资源等部门备案。

案例8　泰州市有关"农房建设审批受理机构"的规定

乡镇（街道）农业农村局负责审查申请人是否符合申请条件，是否符合用地面积标准，是否经过村级组织审核公示等。自然资源所负责审查拟用地是否符合国土空间规划、用途管制要求等。乡镇（街道）建设生态环境局负责审查拟建房是否符合宅基地合理布局要求，农房户型是否符合风貌管控要求等，并综合各有关部门意见提出审批建议。涉及派出所、林业、水利、电力等部门的及时征求意见。乡镇（街道）收到材料后组织部门联合办理，并在20个工作日内办结。

建房申请批准后，乡镇（街道）应在5个工作日内通知建房户所在地村级组织，由村级组织将批准结果进行公示10天，公示无异议或异议不成立的，申请人领取批准文件，落实有资质的施工单位或农村建筑工匠，申请放样施工（施工前，农民应充分了解现场是否具备建房条件，并落实相应措施）。

村民住宅用地涉及占用农用地、未利用地的，由区自然资源和规划部门依照《中华人民共和国土地管理法》第四十四条的规定，按计划办理农用地转用等审批手续。

有关行政许可涉及申请人与他人之间重大利益关系的，申请人、利害关系人在作出行政许可决定前享有要求听证的权利。

（2）审批流程

建房审批应实行"审批程序公开、申请条件公开、建房名单公开、审批结果公开"的审批制度，具体审批内容和流程一般包括宅基地初审、宅基地审批、规划许可等方面。

符合宅基地申请条件的，应提前向村级组织提出建房书面申请，由村民代表会议对建房申请进行集体讨论。符合建房条件的，应在村公示栏内进行公示，公示无异议或异议不成立的，由申请户填写呈报资料。跨村建房的，应与原村级组织签订原宅基地收回协议，还应经建房所在地村民代表会议讨论同意。村级组织负责审查申请户提交的材料是否真实有效、拟用地建房是否符合村庄规划、是否已征求用地建房相邻权利人意见等。村级组织签署意见后，将申请材料报送乡镇（街道）。乡镇（街道）对建房主体、资格条件、建房选址进行审核，并签署意见，核发批准书。

案例9　苏州昆山市有关农民自建的审批流程

①农户申请：符合宅基地申请条件的农户，以户为单位向所在村民小组提出宅基地和建房（规划

许可）书面申请；

②现场踏勘：收到申请后由建设局组织进行现场踏勘并确认，制作宅基地及建房四至红线图并确认，建房户签订建房承诺书；

③村民小组讨论公示：村民小组收到资料后，提交小组会议讨论后进行公示，公示无异议后将农户申请、会议记录等材料提交村级组织审查；

④村级组织审查：村级组织重点审查提交的材料真实有效，审核通过后由村级组织报送乡镇政府；

⑤联审平台：户籍窗口对申请人进行户籍审核，资规分局窗口对宅基用地进行审核，农村工作局窗口对申请人经济组织、宅基用地进行审核，建设局窗口对申请人建房规划、建房方案进行审核，现场踏勘确认辅房是否拆除。

⑥三证打印：审核通过后农户可直接到窗口打印"村镇工程建设施工许可证""农村宅基地批准书""乡村建设规划许可证"。

（3）审批受理

乡镇人民政府（街道办事处）应当在接到村民委员会报送的建房申请人书面申请资料后7个工作日内进行实地审核。审核内容包括申请人是否符合条件，拟用地是否符合规划，拟建房位置以及层数、高度、面积是否符合标准等。

乡镇人民政府（街道办事处）应当将农房建设的审批结果及时告知所在的村民委员会。县级相关职能部门和乡镇人民政府（街道办事处）及村民委员会通过网站或张榜等形式公布（时间不少于7天）审批结果，接受群众监督。

各地要依照法律法规的规定，梳理农房建设必须具备的基本条件和要求以及不予批准建房的情形，并予以公布。有关集体土地使用权证和乡村建设规划许可证的相关审批程序参照《关于加强宅基地审批管理的实施意见》。

案例10　镇江市有关"农村宅基地审批与规划许可管理"的规定

符合宅基地申请条件的农户，以户为单位向所在村民小组提出宅基地和建房（规划许可）书面申请。村民小组收到申请后，应提交村民小组会议讨论通过，并将申请理由、拟用地位置和面积、拟建房层数、高度和面积等情况在本小组范围内公示，公示期不少于10日。公示无异议或异议不成立的，村民小组将农户申请、村民小组会议记录等材料交村级组织审查。村级组织重点审查提交的材料是否真实有效、拟用地建房是否符合国土空间规划（村庄规划）、是否征求了用地建房相邻权利人意见、

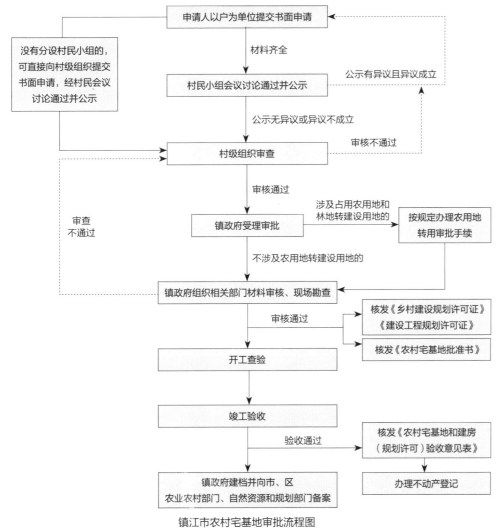

镇江市农村宅基地审批流程图

外观风貌是否符合相关要求等，审查时限5个工作日。审查通过的，由村级组织签署意见，报送镇政府。没有分设村民小组或宅基地和建房申请等事项已统一由村级组织办理的，农户直接向村级组织提出申请，经成员代表大会或村民代表会议讨论通过，并在本集体经济组织范围内公示无异议或异议不成立后（公示期不少于10日），由村级组织签署意见，报送镇政府。

农村村民住宅用地由镇政府审核批准，镇政府受理窗口受理后，即日转交镇农业农村部门或具体牵头部门。根据各部门联审结果，镇政府对农民宅基地申请进行审批，符合要求的核发《农村宅基地批准书》，鼓励各市（区）将乡村建设规划许可证由镇政府一并发放，并以适当方式公开。

4.农房施工管理要求

（1）施工管理

农民建房经批准后，须严格执行建筑放样、基槽验收、施工过程、结顶、竣工验收"五到场"管理制度。建房人应当在开工前向乡镇人民政府（街道办事处）申请放样验线（建房农民取得宅基地审批文件和建设规划许可证以及农房设计图纸后，由镇、街免费提供放线服务）。

乡镇人民政府（街道办事处）应当自收到建房农民放线服务申请之日起7个工作日内，按照宅基地审批文件和建设规划许可证确定的宅基地位置和允许建设的范围进行放线。乡镇人民政府（街道办事处）应当在5日内，到实地丈量划定宅基地，到现场进行开工查验，实地确认宅基地内建筑物的平面位置，做好放线记录。建房人应当按照用地批准文件和乡村建设规划许可证的规定进行施工。乡镇人民政府（街道办事处）要组织对农房建设定期开展巡查监督，严格落实农民建房"五到场"制度，并形成书面记录，推动农房建设管理各项规定的有效落实。

（2）监督检查

鼓励建房人委托具备相应资质的监理单位或者咨询单位对农房建设进行监理和咨询，其中统一建房原则上要求委托监理单位进行监理。建房人应会同承建人做好文明施工及建筑垃圾堆放、清运等工作。

村民委员会应加强对农房建设的管理和服务，负责对建房户进行初审、公示，参与现场踏看、划线放样、施工监管、竣工验收等，特别要做好施工期间区域范围内的环境卫生管理。

各乡镇（街道）依法组织开展农村用地建房动态巡查，及时发现和处置涉及宅基地使用和建房的各类违法违规行为，具体实施对违法用地、违法建筑的拆除、复垦等工作。指导村级组织完善用地建房民主管理程序，建立村级协管员队伍。

5.竣工验收管理要求

（1）工程竣工验收

农房建设竣工后，建房人应组织承建人、设计人到现场验收，有施工监理的，监理人员也应到场，建房人和参加验收的设计、施工、监理人员应当签署含房屋质量情况等内容的竣工验收意见。未能通过验收的，应对存在问题进行整改，若存在争议，应委托具有相应资质的检测单位或第三方机构进行检测或评估，直至建房人验收并同意签收后，方可交付使用。

竣工验收意见与建房资料一并报乡镇人民政府（街道办事处）存档。县级规划、建设部门和乡镇人民政府（街道办事处）应当加强对农房竣工验收的指导和监督。

（2）不动产发放

通过农房竣工验收的，农民可持相关审批、验收等资料（新建农房不动产证登记应提供《农村宅基地批准书》《乡村建设规划许可证》《农村宅基地和建房规划许可验收意见表》，作为土地权属来源、房屋符合规划或建设的材料），向县级不动产登记机构申请办理不动产登记。

乡镇人民政府（街道办事处）应参照相关建设档案管理规定，逐步建立完善农房建设管理档案。

案例11 宿迁市集体建设用地农房项目验收组织方式

（一）明确牵头部门

集体建设用地上的农房项目验收和备案工作，由项目所在地的县（区）住建部门负责牵头验收。

（二）主体工程联合验收

1.部门联动。牵头部门负责统一竣工验收图纸的要求和验收标准，确定现场验收的时间，组织各部门在规定的时限内进行现场验收，汇总各部门验收意见并统一反馈建设单位。其他各部门按照各自职责实施验收，并对验收过程和结果负责。

参加联合验收部门按照"统一领导、分工负责、快查快验"的要求，抽调业务熟练的专业技术管理人员组成验收团队参加联合验收，保证联合验收工作高效开展。

2.一次申请。具备验收条件的，建设单位通过工程建设项目综合服务窗口提出联合验收申请，并提供有关竣工验收资料。

3.统一受理。综合服务窗口在确认符合验收条件、材料齐全表单完整后，按事项推送至各相关部门。相关专项验收部门1个工作日完成材料审核，作出补齐补正或同意受理意见，反馈至牵头部门。牵头部门根据各部门审核意见及时向申请人发送一次性补正材料告知书或联合验收受理通知书。

4.限时办结。限时联合验收的总时限不超过15个工作日。

5.统一反馈。完成现场验收后，牵头部门汇总各部门的验收意见，制作验收结果通知书，一次性通过综合服务窗口统一反馈建设单位。验收合格的，将验收结果通知书连同各部门出具的验收合格意见一并送达建设单位；未能通过验收的，将各部门出具的未能通过验收的具体项目、存在的问题和相应整改要求一并送达建设单位。

6.建设单位按照要求完成整改后，重新提出验收申请。按照上述2~5款规定的程序，由牵头部门统一组织提出整改要求的部门对整改结果进行复验。

（三）主体工程单项验收

1.建设单位申请单项验收，在工程完成后，到综合服务窗口申请。自然资源和规划、住建部门内部存在不同验收处室的，应组织联合现场踏勘。自然资源和规划部门组织的规划核实、土地核验总时限不超过7个工作日；住建部门组织的消防验收、档案验收总时限不超过8个工作日。也可以采用"串联＋并联"方式组织，两部门验收时限不受工作日限制，具体时限由综合服务窗口协调分配，但总时限不超过15个工作日。

2.单项工程验收申请、受理、办结、反馈等组织工作，参照联合验收进行。

《宿迁市集体建设用地农房项目竣工验收备案实施方案》

◎ 农房建设管理综合案例

江苏各地在农房建设管理实践过程中，涌现出一些典型案例和做法。

1.无锡市：加强农房建设管理工作流程引导

为建立健全无锡市农房建设管理机制，加强无锡市农房建设质量安全管理，无锡市制定农房建设管理工作操作指南，从建房申请、审批管理、施工管理、竣工验收等流程引导农房建设管理工作的开展，主要内容如下：

（一）建房申请。农房建设可以由村民自行申请建房，也可以整村改造的方式统一建房，鼓励统一建房，引导村民逐步向村庄规划确定的居民点相对集中。申请个人建房的村民，可以户为单位向常住户口所在地的村民委员会提出书面申请（原地改建或翻建的，需同时出具四邻同意的书面意见）；申请统一建房的，先经拟建房村民小组一致同意，再经村民会议或者村民代表会议同意实施统一建房后，由村民委员会向乡镇（街道）提出书面申请。

（2）审批管理。乡镇（街道）应当在接到村民委员会报送的建房申请人的书面申请资料后7个工作日内进行实地审核。审核内容包括申请人是否符合条件、拟用地是否符合规划、拟建房位置以及层数、高度、面积是否符合标准等。乡镇（街道）应当将村民建房的审批结果及时告知所在的村民委员会。区相关职能部门和乡镇人民政府及村民委员会通过网站或张榜等形式公布（时间不少于7天）审批结果，接受群众监督。

（3）施工管理。经批准建房的建房人，应当在开工前向乡镇（街道）申请放样验线。乡镇（街道）应当在5日内，到实地丈量划定宅基地，到现场进行开工查验，实地确认宅基地内建筑物的平面位置，做好放线记录。建房人应当按照宅基地审批文件和乡村建设规划许可证的规定进行施工。乡镇（街道）要组织对农房建设定期开展巡查监督，严格落实农民建房"五到场"制度，做到建筑放样到场、基槽验收到场、施工过程到场、结顶到场、竣工验收到场，并形成书面记录，推动农房建设管理各项规定的有效落实。

（4）竣工验收。农房建设竣工后，建房人应组织承建人、设计人到现场验收，有施工监理的，监理人员也应到场，建房人和参加验收的设计、施工、监理人员应当签署含房屋质量情况等内容的竣工验收意见。农房经建房人验收并同意签收后，方可交付使用。竣工验收意见与建房资料一并报乡镇（街道）存档。市、县（市、区）建设部门和乡镇（街道）应当加强对农房竣工验收的指导和监督。农房竣工验收后，建房人持相关审批、验收等资料，依法申请办理不动产登记。乡镇（街道）应参照相关建设档案管理规定，逐步建立完善农房建设管理档案。

无锡市农房项目

2. 泰州市：倡导建房审批全过程公开

为保障农民依法有序建房，促进社会公平正义，制定相关农房建设管理办法加以保障。实行"审批程序公开、申请条件公开、建房名单公开、审批结果公开"的审批制度，具体内容如下：

（1）宅基地初审：符合宅基地申请条件的，须提前2个月向村级组织提出建房书面申请，由村民代表会议对建房申请进行集体讨论，符合建房条件的，在村公示栏内公示10天，公示内容包括申请户家庭信息、现有宅基地及农房情况、拟申请宅基地及建房情况等。公示无异议或异议不成立的，由申请户填写呈报材料，与村级组织签订原宅基地收回协议。跨村建房的，还须经建房所在地村民代表会议讨论同意。

村级组织负责审查申请户提交的材料是否真实有效、拟用地建房是否符合村庄规划、是否已征求用地建房相邻权利人意见等，并填写《农村宅基地和建房（规划许可）审批表》。

（2）宅基地审批：村级组织签署意见后，将申请材料报送镇街。镇街对建房主体、资格条件、建房选址进行审核，并签署意见。

（3）规划许可：乡镇（街道）核发《农村宅基地批准书》，申请人凭《农村宅基地批准书》到区自然资源和规划部门核发《乡村建设规划许可证》。

（4）建设管理：村民建房申请批准后，须严格执行建筑放样、基槽验收、施工过程、结顶、竣工验收"五到场"管理制度；完工后，镇街须实地验收，审查是否按审批建房等，并出具《农村宅基地和建房（规划许可）验收意见表》。通过验收的，村民可以向区自然资源和规划部门申请办理不动产登记，核发不动产权证。

（5）不动产证发放：新建农房不动产证登记应提供《农村宅基地批准书》《乡村建设规划许可证》《农村宅基地和建房（规划许可）验收意见表》，作为土地权属来源、房屋符合规划或建设的材料。建房申请人凭上述材料原件到区不动产登记分中心办理《不动产权证书》。

泰州市农房项目

3.宿迁市：优化新型农村社区建设程序

为确保新型农村社区建设质量优、配套齐、品质高，制定新型农村社区建设有关政策，从规划编制、施工图审查、施工监管、竣工验收、档案资料归档等方面对优化新型农村社区建设程序提出了明确要求，主要亮点如下。

一是规范用地手续。建设项目选址要符合土地利用总体规划，其中涉及占用农用地的应依法办理农用地转用或土地征收。土地供应鼓励实行有偿出让方式供应土地，对符合划拨条件的，也可以通过划拨方式安排使用土地。

二是加强施工图纸联审管理。房屋建设图纸须经有资质的图纸审查部门审查通过，配套工程图纸必须经属地建设、园林等相应主管部门审查通过后方可作为工程建设及验收依据。市、县农房办要加强图纸联审管理，衔接各类规划、设计方案，防止规划、设计各自为政、相互脱节。

三是工程建设实行监理。农房建设必须实行项目监理制度，建设单位要委托具有相应资质条件的工程监理单位进行监理，从而有效把控工程建设项目的质量、进度、投资。

四是加强档案资料归档。建设单位要按照《宿迁市城乡建设档案管理办法》以及建设工程文件归档规范等标准，全过程加强建设项目工程档案资料的编制、收集和整理工作，督促施工、监理单位完善项目工程档案资料。项目竣工验收通过后3个月内及时向属地乡镇村镇建设档案室或上级城建档案馆移交档案资料，取得城建档案接收证明书，作为办理不动产登记的前提条件之一。

宿迁市农房项目

■ 附件

附件 1

国家层面农房建设相关法律法规及政策规定

目前，在现有的法规框架和部门职责下，农房建设管理涉及多个职能部门：住房和城乡建设部门负责乡村建筑风貌的引导和农房建设质量的指导；农房建设离不开宅基地，宅基地管理由农业农村部门负责；宅基地管理相关的国土空间规划和农房确权登记工作由自然资源部门负责。同时，相关法律法规的侧重内容也不尽相同（详见附表）。《建筑法》《建设工程质量管理条例》均明确其适用范围不包括"农民自建低层住宅的建设活动"。《城乡规划法》明确了对农房建设应进行规划管理（第四十一条：在乡、村庄规划区内使用原有宅基地进行农村村民住宅建设的规划管理办法，由省、自治区、直辖市制定）。《乡村振兴促进法》明确县级以上地方人民政府应当加强农村住房建设管理和服务，强化新建农村住房规划管控，严格禁止违法占用耕地建房。国务院1993年颁布的《村庄和集镇规划建设管理条例》距今已二十多年，已不能适应乡村发展的现状要求。

为引导农村住房建设规范管理，住房和城乡建设部先后印发《乡村建设规划许可实施意见》（建村〔2014〕21号）、《住房城乡建设部关于切实加强农房建设质量安全管理的通知》（建村〔2016〕280号）、《住房城乡建设部关于加强农村危房改造质量安全管理工作的通知》（建村〔2017〕47号）等文件，不仅规定了农村村民住宅建设需申请办理乡村建设规划许可证，还明确落实各级管理职责。

国家层面农房建设有关法律法规及部门规章

时间	部门	名称	主要内容
法律法规			
1987年 （1998、2019年修订）	全国人大常委会	《中华人民共和国土地管理法》	第六十二条　农村村民一户只能拥有一处宅基地，其宅基地的面积不得超过省、自治区、直辖市规定的标准。 农村村民建住宅，应当符合乡（镇）土地利用总体规划、村庄规划，不得占用永久基本农田，并尽量使用原有的宅基地和村内空闲地。 农村村民住宅用地，由乡（镇）人民政府审核批准；其中，涉及占用农用地的，依照本法第四十四条的规定办理审批手续
1998年 （2011、2019年修订）	全国人大常委会	《中华人民共和国建筑法》	第八十三条　抢险救灾及其他临时性房屋建筑和农民自建低层住宅的建筑活动，不适用本法
2008年 （2015、2019年修订）	全国人大常委会	《中华人民共和国城乡规划法》	第二十九条　乡、村庄的建设和发展，应当因地制宜、节约用地，发挥村民自治组织的作用，引导村民合理进行建设，改善农村生产、生活条件。 第四十一条　在乡、村庄规划区内使用原有宅基地进行农村村民住宅建设的规划管理办法，由省、自治区、直辖市制定。 在乡、村庄规划区内进行乡镇企业、乡村公共设施和公益事业建设以及农村村民住宅建设，不得占用农用地；确需占用农用地的，应当依照《中华人民共和国土地管理法》有关规定办理农用地转用审批手续后，由城市、县人民政府城乡规划主管部门核发乡村建设规划许可证。 建设单位或者个人在取得乡村建设规划许可证后，方可办理用地审批手续
2000年 （2017、2019年修订）	国务院	《建设工程质量管理条例》	第五条　从事建设工程活动，必须严格执行基本建设程序，坚持先勘察、后设计、再施工的原则。 县级以上人民政府及其有关部门不得超越权限审批建设项目或者擅自简化基本建设程序。 第十三条　建设单位在开工前，应当按照国家有关规定办理工程质量监督手续，工程质量监督手续可以与施工许可证或者开工报告合并办理

时间	部门	名称	主要内容
部门规章			
2014年	住房和城乡建设部	《乡村建设规划许可实施意见》	二、乡村建设规划许可的适用范围 在乡、村庄规划区内，进行农村村民住宅、乡镇企业、乡村公共设施和公益事业建设，依法应当申请乡村建设规划许可的，应按本实施意见要求，申请办理乡村建设规划许可证。 确需占用农用地进行农村村民住宅、乡镇企业、乡村公共设施和公益事业建设的，依照《中华人民共和国土地管理法》有关规定办理农用地转批手续后，应按本实施意见要求，申请办理乡村建设规划许可证。 在乡、村庄规划区内使用原有宅基地进行农村村民住宅建设的，各省、自治区、直辖市可参照本实施意见，制定规划管理办法。 乡村建设规划许可证的核发应当依据经依法批准的城乡规划。 城乡各项建设活动必须符合城乡规划要求。城乡规划主管部门不得在城乡规划确定的建设用地范围以外作出乡村建设规划许可
2016年	住房和城乡建设部	《住房城乡建设部关于切实加强农房建设质量安全管理的通知》	二、落实管理责任 （一）落实行业管理责任。地方各级住房城乡建设部门要把农房建设管理作为当前村镇建设工作的重要内容，制定农房新建、改建、扩建管理办法，逐步规范农房建设。要将农房建设质量安全管理工作放在重要位置，落实行业管理责任，加强指导与监督。要会同相关部门加强农村建材市场管理。 （二）落实属地管理责任。县级政府要强化责任意识，支持乡镇政府健全农房建设管理机构，充实管理队伍，落实工作经费，并授予必要的管理权限，切实履行属地管理职责。乡镇建设管理机构按照有关规定负责实施农房建设规划许可、设计和技术指导、检查和验收等管理，应配备1名以上具有专业知识的专职管理员，有条件的地方还可以设置村庄建设协管员。 （三）落实人员管理责任。乡镇建设管理员按照有关规定负责农房选址、层数、层高等乡村建设规划许可内容的审核，对农房设计给予指导。实地核实农房"四至"，在施工关键环节进行现场指导和巡查，发现问题及时告知农户，对存在违反农房质量安全强制性技术规范的予以劝导或制止。指导和帮助农户开展竣工验收，对符合规划、质量合格的农房按有关规定办理备案手续，对不合格的提出整改意见并督促落实

续表

时间	部门	名称	主要内容
2017年	住房和城乡建设部	《住房城乡建设部关于加强农村危房改造质量安全管理工作的通知》	四、切实落实各级管理职责 市级住房城乡建设部门对本地区农村危房改造质量安全管理工作负总责；指导和督促所辖县（市、区）加强农村危房改造质量安全管理，组织专家开展现场技术指导。 县级住房城乡建设部门是农村危房改造质量安全管理工作的责任主体；负责具体落实农村危房屋改造基本质量要求和基本结构设计，组织开展现场质量安全检查，并负责农村建筑工匠管理和服务工作。组织开展宣传培训，确保危房改造户知晓基本的质量标准。组织开展示范工作。每个县（市、区）要选择改造任务较多的1~2个村，开展农村危房改造示范工作，采用成本低、效果好的农村危房加固和新建技术，发挥示范带动作用，促进农村危房改造综合效果的提高。 乡镇人民政府具体组织农村危房改造实施；每个乡镇都要落实农房建设质量安全管理职责，有条件的地方可以配备村级农房建设协管员。 省住房和城乡建设厅将对各地农村危房屋改造质量安全管理工作开展监督检查，表扬和推广好的经验，通报质量安全问题并督促整改。农村危房改造质量安全管理工作情况将作为农村危房改造绩效评价的重点

附件 2

省级层面农房建设相关法律法规及政策文件

近年来，江苏相继印发《江苏省村镇规划建设管理条例》《江苏省土地管理条例》《江苏省城乡规划条例》等法规，为农房建设的开展提供了指引。其中，《江苏省城乡规划条例》规定了核发乡村建设规划许可证有关要求（第四十二条：农村村民在乡、村庄规划区内农村集体土地上自建住房的，应当向乡、镇人民政府提交宅基地使用证明或者房屋权属证明、村民委员会意见、新建住宅相关图件等有效证明文件，由城市、县城乡规划主管部门核发乡村建设规划许可证）。1994年，江苏省颁布实施《江苏省村镇规划建设管理条例》，该条例已于2020年11月27日废止。

为促进有关法律法规的有效执行，政府有关部门出台规章加以保障。2019年5月，省政府办公厅印发《关于加强农村住房建设管理服务的指导意见》（苏政传发〔2019〕104号），指导规划编制、农房设计、建设审批、施工管理和竣工验收工作的开展，并明确了对统一代建的农房建设工程和农户自行建设工程的不同要求；2020年6月，多部门联合印发《关于加强和规范农村宅基地管理工作的通知》（苏农经〔2020〕11号），加强和规范农村宅基地管理。

省级层面国家层面农房建设有关法律法规及部门规章

时间	部门	名称	主要内容
法律法规			
2000年（2003、2004、2021年修订）	江苏省人大常委会	《江苏省土地管理条例》	第四十四条　征收土地涉及农村村民住宅的，应当按照先补偿后搬迁、居住条件有改善的原则，尊重农村村民意愿，采取重新安排宅基地建房、提供安置房或者货币补偿等方式给予公平、合理的补偿，并对因征收造成的搬迁、临时安置等费用予以补偿，保障农村村民居住的权利和合法的住房财产权益。重新安排宅基地建房的，对其住房按照重置价格给予货币补偿；不能重新安排宅基地建房的，依法提供安置房或者给予货币补偿安置。 重新安排宅基地建房的，宅基地的面积按照本条例相关规定执行；依法确定的原宅基地面积超过重新安排宅基地面积的，应当对超过的部分给予合理补偿。提供安置房补偿的，安置房的面积不得少于依法确定的原房屋面积。采用货币补偿的，应当评估宅基地和住房的价值，一并作出补偿
2010年（2018年修订）	江苏省人大常委会	《江苏省城乡规划条例》	第四十二条　农村村民在乡、村庄规划区内农村集体土地上自建住房的，应当向乡、镇人民政府提交宅基地使用证明或者房屋权属证明、村民委员会意见、新建住宅相关图件等有效证明文件，由城市、县城乡规划主管部门核发乡村建设规划许可证
部门规章			
2019年	江苏省政府办公厅	《关于加强农村住房建设管理服务的指导意见》	（一）强化规划编制及实施管理。 依据国土空间规划、镇村布局规划，根据需要组织编制多规合一的实用性村庄规划，切实加强村庄规划建设管理。村庄规划编制时，应充分考虑农民建房需求，明确宅基地调整优化方案，增强可操作性和可落地性。农房建设应严格依据经批准的村庄规划实施，确保规划的严肃性和连续性。 （二）强化农房设计引导。 农房设计应遵循"绿色、经济、适用、美观"的原则，在满足相关建筑设计规范和抗震设防要求的基础上，科学合理设置功能空间，满足农民现代生产生活需求。同时，应积极借鉴传统乡村营建智慧，吸取传统建筑元素和文化符号，用好乡土建设材料，确保新建农房和建筑与乡村环境相适应，体现地域文化特色和时代特征，探索形成具有地方特色的新时代民居范式。注重绿色节能技术设施与农房的一体化设计，加强对传统建造方式的传承和创新，逐步引导形成具有地域特点、乡土特色、时代特征的高品质农房和乡村特色风貌。 （三）强化农房建设审批管理。 按照相关法律法规规定和村庄规划，严格规范宅基地审批管理和用地手续，严格落实"一户一宅、建新拆旧"的要求，充分利用原有宅基地、空闲地建房。严格农房建设规划许可管理，合理确定农房建设的占地面积、建筑面积，从严控制农房建筑体量，建筑层数一般不超过三层。建房人要严格按程序申请办理宅基地用地手续和乡村建设规划许可，未经许可不得开工建设。农房建设审批时应提供必要的设计图纸或拟选用的农房设计方案图集。各地要依照法律法规的规定，梳理农民建房必须具备的基本条件和要求以及不予批准建房的情形，并予以公布。

时间	部门	名称	主要内容
2019年	江苏省政府办公厅	《关于加强农村住房建设管理服务的指导意见》	（四）强化农房施工管理。 对于统一代建的农房建设工程，要按照基本建设程序进行管理，强化对设计施工各环节的监督检查，邀请村民代表参与施工过程中工程质量监督，保证工程建设质量。对于农户自行建设的，建房人可委托具有相应资质的建筑施工企业或具有相应技能的农村建筑工匠（以下简称为承建人）施工。 农房建设鼓励使用绿色建筑材料和乡土材料。建房人可以委托具备相应资质的监理单位或者相应资格的监理人员对农房建设进行监理。建房人对农房质量安全负总责，承担建设主体责任。农房设计、承建人、材料供应等单位或个人分别承担相应的质量和安全责任。县级建设主管部门、乡镇政府（街道办事处）应当切实加强对农房建设质量安全的技术指导。 （五）强化竣工验收管理。 农房建设竣工后，建房人应及时组织承建人、设计人到场验收。有施工监理的，监理人员也应到场，乡镇政府（街道办事处）应当加强对农房竣工验收的服务和指导。对统一委托代建的农房建设工程，应由代建人组织设计、施工、监理等实施主体以及村民代表进行项目竣工验收，并出具验收书面意见。县级建设主管部门可编制农房竣工验收技术指南提供给自建农户组织竣工验收时参考。农房竣工验收后，农户可持相关审批、验收等资料，向县级不动产登记机构申请办理不动产登记
2020年	中共江苏省委农村工作领导小组办公室、江苏省农业农村厅、江苏省自然资源厅	《关于加强和规范农村宅基地管理工作的通知》	二、严格执行法律法规 （一）严守政策底线。严格落实土地用途管制，农村村民建设住宅应当符合经依法批准的国土空间规划（村庄规划）。要依法保护宅基地农户资格权和农民房屋财产权，不得以各种名义违背农民意愿强制流转农村宅基地和强迫农民"上楼"，不得违法收回农户合法取得的农村宅基地，不得以退出宅基地作为农民进城落户的条件。严禁城镇居民到农村购买宅基地，严禁下乡利用农村宅基地建设别墅大院和私人会馆。严禁借流转之名违法违规圈占、买卖宅基地。 （二）严格落实"一户一宅"规定。农村村民一户只能拥有一处农村宅基地，各地规定和执行的农村宅基地面积标准不得超过《江苏省土地管理条例》的规定标准。农村村民应当严格按照批准面积和建房标准建设住宅，禁止未批先建、超面积占用农村宅基地。经批准易地建造住宅的，应当严格按照"建新拆旧"要求，将原宅基地交还给村集体。农村村民出卖、出租、赠与住宅后再申请宅基地的，不予批准。 （三）鼓励节约集约利用农村宅基地。人均土地少、不能保障一户拥有一处农村宅基地的地区，县级政府在充分尊重农民意愿的前提下，可以采取措施，保障农村村民户有所居。城镇开发边界外的村庄，要通过优先安排新增建设用地计划指标、村庄整治、废旧宅基地腾退等多种方式，增加宅基地空间，满足符合宅基地分配条件农户的建房需求。城镇开发边界内，可以通过建设农民公寓、农民住宅小区等方式，满足农民的居住需求

结 语

　　2023年3月5日，习近平总书记在参加十四届全国人大一次会议江苏代表团审议时强调"要优化镇村布局规划，统筹乡村基础设施和公共服务体系建设，深入实施农村人居环境整治提升行动，加快建设宜居宜业和美乡村"，为我们做好新时代乡村建设工作指明了方向、提供了遵循。

　　对江苏而言，高质量建设宜居宜业和美乡村，加快推进农村现代化，基因有传承、实践有要求、发展有基础，有条件、有能力、也有责任担负新使命。下一步，我们将认真贯彻习近平总书记的重要指示精神，按照党的二十大关于全面推进乡村振兴的部署要求，开拓创新、勇毅前行，全面推进中国式现代化江苏乡村建设新实践。

江苏乡村建设行动系列指南编写委员会

2023年3月